主要作者及丛书简介:

雅克·马丁: 法国著名漫画大师，1921年生于法国斯特拉斯堡，早年便在漫画方面表现出过人的天赋，与著名漫画家埃尔热和雅各布并称为“布鲁塞尔学派”的三个主要代表。1948年，马丁创造出阿历克斯这个生活在恺撒时代的罗马青年形象，并在《丁丁》杂志上开始连载他的故事。凭借着广博的历史和文学知识、娴熟的绘画技巧以及对古代建筑精细准确的再现，马丁创立了一个以严谨考证为基础的历史漫画创作流派。1953年，马丁与埃尔热工作室合作，参与了几部丁丁漫画的创作。1984年，马丁获得法国艺术文学骑士勋章。1988年，卡斯特曼出版公司大规模出版“阿历克斯历险记”丛书，以庆祝马丁创作这套系列漫画40周年。马丁一生共创作漫画120多部，累计销量超过1000万册。2010年1月21日，马丁在瑞士逝世，他的助手们目前在继续他的系列漫画的创作。

“时光传奇”丛书: “阿历克斯历险记”系列漫画是雅克·马丁一生中最重要、最畅销的作品，也是世界漫画史上的经典作品之一。“时光传奇”丛书的重要组成部分即为“阿历克斯历险记图解历史百科”丛书的中文版。在本书中，阿历克斯和他的伙伴将穿越时空，带领读者领略各大古文明的兴衰。

特别感谢**拉斐尔·莫拉莱斯**和**莱昂纳多·帕米沙诺**对本分册的大力帮助。

法国漫画大师雅克·马丁作品

之漫游尼罗河

[法]雅克·马丁 著
尹明明 宫泽西 译

北京出版集团
北京出版社

目录

年表

前提斯时期

（零王朝，希拉康坡里斯）蝎子王、那尔迈。

提斯王朝（约前3000—前2670年）

（第一王朝，提斯）阿哈、哲尔、杰特、登、阿杰布、塞迈尔海特、卡。

（第二王朝，提斯）奈布拉、尼内杰尔、伯里布森、哈塞海姆威。

古王国时期（约前2670—前2160年）

（第三王朝，孟菲斯）萨那赫特·奈布卡、奈杰里海特·左塞、塞海姆海特·左塞-特提、卡赫杰特·胡尼。

（第四王朝，孟菲斯）斯尼夫鲁、胡夫、拉杰德夫、哈夫拉、孟卡拉、切普塞斯卡夫。

（第五王朝，孟菲斯）乌塞尔卡夫、萨胡拉、奈菲利尔卡拉、切普塞斯卡拉、拉奈菲尔夫、纽塞拉、孟卡霍尔、杰德卡拉-伊西斯、乌那斯。

（第六王朝，孟菲斯）特提、乌塞尔卡拉、麦然拉·珀辟一世、麦然拉·奈姆蒂姆塞夫一世、奈菲尔卡拉·珀辟二世、奈姆蒂姆塞夫二世、尼托克里斯（？）。

（第七王朝至第八王朝，孟菲斯）奈菲尔卡拉·奈比、卡卡拉·伊比。

第一中间期（约前2160—前2030年）

（第九王朝至第十王朝，赫拉克利奥坡里斯）美利伊布拉·赫提、奈布卡乌拉·赫提、奈菲尔卡拉·赫提、美利卡拉。

（第十一王朝，底比斯）荫太夫一世、荫太夫二世、荫太夫三世、孟图霍特普二世。

中王国时期（约前2030—前1730年）

（第十一王朝，底比斯）孟图霍特普二世、孟图霍特普三世、孟图霍特普四世。

（第十二王朝，利希特）阿蒙尼姆赫特一世、塞索斯特里斯一世、阿蒙尼姆赫特二世、塞索斯特里斯二世、塞索斯特里斯三世（前1872—前1854年）、阿蒙尼姆赫特三世、阿蒙尼姆赫特四世、索贝克尼弗鲁。

（第十三王朝，利希特）威格夫、阿蒙尼姆赫特五世、索贝克霍特普一世、荷尔、索贝克霍特普二世、汗杰尔、索贝克霍特普三世、奈菲尔霍特普一世、索贝克霍特普五世、杜迪摩斯。

第二中间期（约前1730—前1530年）

（第十四王朝，三角洲）奈赫西。

（第十五王朝至第十六王朝，阿瓦里斯）萨里提斯、雅库布赫、希安、艾恩那斯、阿波菲斯、哈姆迪。

（第十七王朝，底比斯）奈比利欧、索贝克姆萨夫二世、奈布海普拉·因提夫、塞肯内拉·陶、卡摩斯、阿摩西斯。

新王国时期（约前1530—前1075年）

（第十八王朝，底比斯）阿摩西斯（前1550—前1525年）、阿蒙霍特普一世、图特摩斯一世、图特摩斯二世、图特摩斯三世（前1479—前1424年间与哈特舍普苏特共同执政）、阿蒙霍特普二世、图特摩斯四世、阿蒙霍特普三世、阿蒙霍特普四世（埃赫那吞）、斯门卡拉、图坦卡蒙、阿伊、郝列姆赫布。

（第十九王朝，陪-拉美西斯）拉美西斯一世、塞提一世、拉美西斯二世（前1279—前1212年）、美楞普塔、塞提二世（篡夺了阿蒙麦西斯的王位）、拉美西斯/西普塔、塔沃斯塔王后。

（第二十王朝，陪-拉美西斯）塞特纳赫特、拉美西斯三世、拉美西斯四世至拉美西斯十一世。

第三中间期（约前1075—前712年）

（第二十一王朝，塔尼斯）斯蒙迪斯、普苏森尼斯一世、阿蒙尼姆普、西阿蒙、普苏森尼斯二世。

（第二十二王朝，塔尼斯）舍尚克一世、奥索尔孔一世、奥索尔孔二世、塔克洛特二世、舍尚克二世、舍尚克三世。

（第二十三王朝，利安托坡里斯）皮杜巴斯特一世、舍尚克四世、奥索尔孔三世、塔克洛特三世。

（第二十四王朝，舍易斯）泰夫纳赫特、波克霍利斯。

晚王朝时期（前712—前332年）

（第二十五王朝，那帕塔）皮安柯、沙巴卡、沙巴塔卡、塔哈尔卡、坦沃塔蒙。

（第二十六王朝，舍易斯）普萨美提克一世、尼科二世、普萨美提克二世、阿普里斯、阿玛西斯、普萨美提克三世。

（第二十七王朝，第一个波斯占领期）冈比西斯二世、大流士一世、薛西斯一世、阿塔薛西斯一世。

（第二十八王朝，舍易斯）阿米尔塔尼乌斯。

（第二十九王朝，门德斯）奈夫里提斯一世、普萨姆提斯、阿克里斯、奈夫里提斯二世。

古埃及

［第三十王朝，塞拜尼托斯（Sebennytos）］奈克塔尼布一世、提奥斯、奈克塔尼布二世。

（第三十一王朝，第二个波斯占领期）阿塔薛西斯三世、大流士三世。

托勒密时期（前332—前30年）

亚历山大大帝、腓力三世、托勒密一世至托勒密十五世（恺撒里昂）、克利奥帕特拉七世。

罗马时期（前30—395年）

奥古斯都，继而是诸位罗马皇帝，包括提贝里乌斯、图拉真、哈德良、戴克里先、狄奥多西。

拜占庭时期（395—639年）

阿拉伯时期（自639年开始）

注：书中地图系原文插附地图。年表中，朝代名后面的地名为该朝代的首都。人名后标记“?”的，表示史学界对该人物存在争论。两个人名之间标记“/”的，表示史学界普遍认为前后两个人物同时在位。

前言

在“阿历克斯历险记”丛书中，阿历克斯便是在亚历山大里亚遇见艾纳克的。很快，这位“尼罗河的王子”便成了阿历克斯忠实的伙伴，陪伴着他走遍了探险之路。本书是“阿历克斯历险记图解历史百科”丛书介绍埃及的其中一部，由艾纳克指引着我们的主人公穿越埃及，游览埃及的文化中心，这最好不过了。现在，就让我们与他们一同启程，从阿布·辛拜勒到亚历山大里亚，开始漫游尼罗河之旅吧。

在书中，我们所要探索和发现的地方，都是经过精挑细选的，也是游客们经常光顾的地方。这本精美的图书内容准确，插图精致，宛如真正的导游书籍。如今，这一国度正经历着动荡，愿大批的游人能够重返埃及。

漫游途中，我们将详尽地介绍埃及的各大历史时期。我们通过萨卡拉、阿布西尔、阿布·哥拉布和吉萨详细介绍埃及古王国时期极富代表性的区域。新王国的荣光则属于努比亚的明珠——阿布·辛拜勒、底比斯地区（包括卢克索、卡纳克、美迪奈特·哈布、戴尔·埃尔-巴哈里以及帝王谷在内）。另外，还有奥西里斯守护的阿拜多斯和戴尔·埃尔-阿马尔纳，后者是埃赫那吞暂时的居所。希腊罗马时期的埃及也相当重要，凯拉卜舍、菲莱、考姆翁布、埃德富、伊斯纳以及古代大都会亚历山大里亚的神庙均是在这一时期建成的，其中，亚历山大里亚尤为值得一提。遗憾的是，本书并没有涉及孟菲斯等一系列重要城市，因为这些地方的古迹资料相对匮乏，我们无法在书中还原其本来的面目。

孟菲斯的拉美西斯二世巨像（克劳德·奥博索姆供图）

本书中的插图，无论神庙还是其他遗址，都是在钻研最尖端的埃及学著作，结合对埃及遗址的实地摄影后，深入研究的成果。那些神庙的墙面上描绘着种种场面，刻画着象形文字。本书都忠实地按照原貌将其再现。时至今日，尽管我们所介绍的建筑已有部分消失，但是我们的复原工作始终力图极尽逼真、尽善尽美。所以，作为埃及学读物，本书自出版以来就颇受好评。这令我们感到十分欣慰。

克劳德·奥博索姆

鲁汶宗铎大学埃及学教授

克劳德·奥博索姆著有：

《系列教材：埃及象形文字》，配有互动教学DVD及中埃及语语法书，由萨弗朗出版社于2009年出版；

《伟大的法老》丛书之《拉美西斯二世》，由皮格梅隆出版社于2012年出版。

阿布·辛拜勒

阿布·辛拜勒神庙是拉美西斯二世统治时期的一项伟大杰作，其设计风格在古埃及历史上独树一帜。20世纪60年代进行的努比亚古迹修缮工程使阿布·辛拜勒神庙再次名声大振，并引发了全世界对于这座岌岌可危的古迹的关注。

阿布·辛拜勒神庙入口北侧的两尊巨大的神像

拉美西斯二世在卡迭石战役中对抗了赫梯人之后，希望进一步巩固法老的天赋王权。因此他决定在全国范围内实施一项庞大的建筑工程，以彰显统治者的荣耀。埃及阿斯旺南部的努比亚是一片黄沙漫漫、鲜有人居住的地区，那么，拉美西斯二世为何选在这里建立众多的神庙呢？其中还包括了极负盛名的阿布·辛拜勒神庙。人们对于其中的原因无从知晓，但一些人认为这些建筑不过是狂妄自大的君主用来彰显荣耀的，还有人认为古迹是用来安定努比亚民众或用来震慑南方敌对势力的。然而，我们所知的仅是冰山一角，因为埃及的神庙不仅延续了文明，同时也在维持生态平衡方面发挥着极其重要的作用。埃及人通过在神庙中举行狂热的宗教仪式以祈求得到神的庇护，同时他们也在神庙中供奉法老，因为法老在他们眼中是神在人间的化身。围绕神庙开展宗教活动，势必对神庙周围地区的水土保持，有着积极的作用。

每逢新年，阿布·辛拜勒所处的地理位置便会受到尼罗河洪水的影响，洪水往往会漫延到努比亚地区。多亏了尼罗河规律性的涨水退水，埃及才得以存续：倘若洪水过于充盈，就会摧毁房屋和河道；倘若洪水过于贫乏，又会引起饥荒。阿布·辛拜勒尽管偏僻，却是埃及一大重要的宗教区域。每逢新年，为庆祝天狼星回归而在此举行的盛大庆典，便是埃及历法中的一大重要仪式。正因为如此，神庙往往被建造得高大雄伟且别具一格，以展现保护百姓并掌控命运的拉美西斯二世和诸神的神秘力量。所以，神庙往往是雄伟壮观、极具象征意义的。这里的神庙既彰显了拉美西斯二世在人世间的权力，也体现了诸神的法力。他们是守护神，也将生命赋予万物。

尼罗河畔的阿布·辛拜勒神庙倚靠美哈（Méha）砂岩壁而建，其入口处的四尊巨像占据了整个神庙正面平台的空间。四尊巨像均是拉美西斯二世的塑像，而其他王室成员则沿着巨像腿部被雕塑在墙壁上。神庙内部呈现出古典建筑风格，柱廊大厅内

阿布·辛拜勒神庙的剖视图

矗立着理应放置在室外的高大石像，而最深处则有一座至圣所。除此之外，神庙内还散布着若干小间和神殿。柱廊大厅北侧的墙壁上刻画着卡迭石战役的浮雕和铭文。神庙南北两侧的装饰分别象征着对阿蒙-拉和拉-哈拉凯悌的崇拜。

至圣所的岩石上雕刻着四尊神像——普塔、阿蒙、神化的拉美西斯二世以及拉-哈拉凯悌。阳光会在每年的2月21日和10月21日两次沿神庙的中轴线直射进入最深处（神庙迁址后变为每年2月22日和10月22日），照亮右边的三尊神像，而冥界之神普塔则永远处于黑暗之中。此外，至圣所还供奉着一条圣舟。神庙内南北两侧各有一座神殿，分别用以祭拜太阳神和托特神。

阿布·辛拜勒神庙在建成约30年之后遭遇了

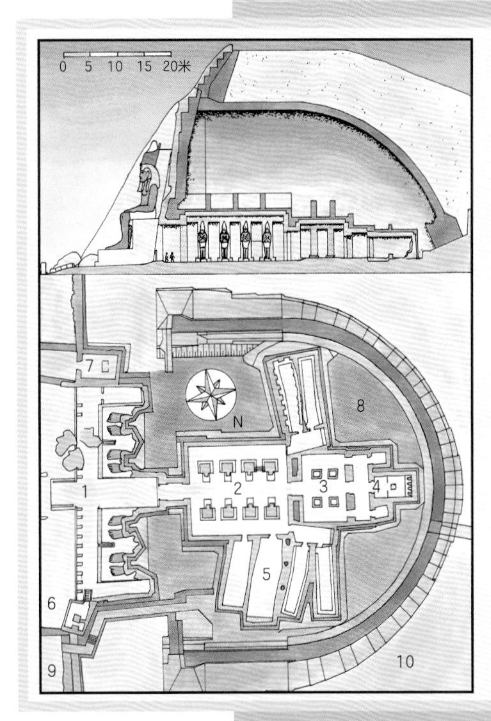

美哈的拉美西斯二世神庙

1. 平台及入口
2. 柱廊
3. 多柱厅
4. 至圣所
5. 耳室
6. 太阳神殿
7. 托特神殿
8. 现代混凝土穹顶
9. 修缮后的正面及穹顶入口
10. 修缮后的支柱（填料工程）

拉美西斯二世的大神庙

神庙的第一间大厅中矗立着8尊奥西里斯神像，左边的4尊神像头戴上埃及的白色王冠，而右边的4尊神像则头戴象征着上埃及和下埃及的双王冠

至圣所。倚靠岩石而建的4座神像从左至右分别是：普塔、阿蒙、神化的拉美西斯二世以及拉-哈拉凯悌

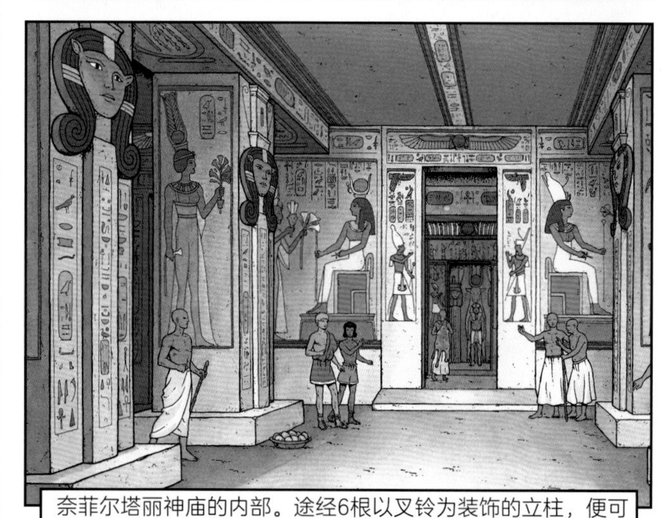
奈菲尔塔丽神庙的内部。途经6根以叉铃为装饰的立柱，便可以进入哈索尔至圣所

一场地震，入口南侧的巨像在地震中损毁了。虽然此后神庙得到了修缮，但破碎的巨像却无法修复完整了。

稍往北面一些，就是用于祭奠王后奈菲尔塔丽的小型哈索尔神庙，神庙倚靠北部的伊卜赛克（Ibshek）石壁而建，其入口处为6尊站立的巨像，4尊属于拉美西斯二世，2尊属于王后本人。主厅由6根插入岩石的哈索尔式立柱（柱头是位于巨大叉铃中且拥有牛耳的女子形象）支撑，而至圣所则供奉着外形为奶牛的哈索尔女神的神像。

这两座神庙均用于举行礼节繁多的重要宗教仪式，本章不再赘述，而且它们作为“上天的杰作”均承担着守护埃及的职责。

经历过拉美西斯二世长达66年的统治之后，阿布·辛拜勒逐渐被人所遗忘。直至19世纪，人们才重新对阿布·辛拜勒燃起兴趣。阿布·辛拜勒神庙由于阿斯旺大坝的建立而面临着被水淹没的危机，因此再次进入到了人们的视野之中。埃及、苏丹和联合国教科文组织发出国际性倡议，呼吁保护努比亚地区的古迹。来自世界各国的人士斥巨资对遗迹保护贡献出力量。人们为保护阿布·辛拜勒神庙采

哈索尔神庙（又称奈菲尔塔丽神庙）。入口处10米高的雕像代表着拉美西斯二世及奈菲尔塔丽。雕像右侧的浮雕描绘了库什总督兼神庙迁移工程的咨议官鲁尼觐见拉美西斯二世时的场景

取了很多方法，比如筑大坝、使用液压缸、建造保护层。

最终，人们采取了一个既合理又切实可行的方法：将这两座神庙分割成块，再将石块运至比此地高65米的位置进行重新拼接。由于受到河水上涨的影响，工程必须在6年之内完工，此外还需要加盖一座堤坝来保护施工现场。如今，两个混凝土制成的穹顶建筑保护着神庙。从1968年新址落成以来，每天都有成千上万的游客前来欣赏壮观雄伟的阿布·辛拜勒神庙。

阿布·辛拜勒全景。左侧是美哈峭壁和拉美西斯二世神庙；右侧则是伊卜赛克峭壁和奈菲尔塔丽神庙

凯拉卜舍

凯拉卜舍神庙又称曼都里斯神庙，于罗马时期在下努比亚地区的首府塔尔密斯·道德卡斯西奈（Talmis Dodécaschène）建成，是埃及历史晚期（指前332—642年希腊罗马人统治时期）规模较大的神庙之一，它见证了尼罗河河畔非埃及传统宗教的没落和基督教的兴起繁荣。这座遗迹于1962年被拆解成石块，在距离阿斯旺大坝不远处被重新拼合起来。阿斯旺大坝则从努比亚一直延伸至苏丹。

神庙的塔门。后面是同样被迁移至此的科尔塔西（Qertassi）罗马式凉亭

前30年，克利奥帕特拉七世与安东尼的计划失败后，埃及落入了屋大维·奥古斯都的手中，之后成为罗马帝国的一个特别行政区，由罗马帝国直接派遣行政长官进行管理。曾经的法老统治的国家沦为罗马的粮仓。为了更好地开发这片土地，罗马人从为数不多的托勒密家族的后代手中夺过行政权，建立了希腊化的行政机构。军事征服使埃及进入到全面化的殖民进程当中。罗马人允许埃及人继续信奉从前的宗教，但罗马人自己却没有受到埃及宗教的影响。随着时间的推移，罗马人逐渐习惯了埃及当地的习俗，例如制作木乃伊、将罗马诸神与当地的一些神进行融合，但他们仍然没有真正融入埃及人当中。埃及当地人讲埃及语（世俗语），精英阶层讲拉丁语，而政府方面使用的语言则是希腊语。仅有少数博学的祭司仍可以阅读古老的象形文字，但这种象形文字不久后便被彻底遗忘了。

在阿斯旺以南50千米处的凯拉卜舍，有一座建造于奥古斯都时代的凯拉卜舍神庙，这座神庙的修建大约始于克利奥帕特拉七世执政时期，即埃及作为独立国家的最后几年间。早在新王国时期就已有人在这里兴建神庙。一般认为，阿蒙诺菲斯二世（即阿蒙霍特普二世）和托勒密九世是此地的开创者，所以神庙的墙壁上雕刻着他们二人的雕像。凯拉卜舍作为努比亚的天神，集中了荷鲁斯和伊西斯的特点，以头戴多种装饰的王冠的人形出现，有时还梳着孩童的辫子，有时其头部呈鸟首形态。这座神庙一直以来都处于未完工的状态，其中只有内厅和几面墙壁完成了装饰。神庙外部的石墙和码头都只是粗糙地建成而已，处于奠基阶段，而装饰和打磨墙壁的步骤一直没有完成。

凯拉卜舍神庙是托勒密时期的建筑，但依然呈现出古典风格，即建有码头、塔门、由柱廊装饰的庭院、门廊以及圣所。塔门中建有房间和楼梯，但风格却与神庙的其他部分不同。庭院中柱子的顶部由复合材料铸成，并以各种植物图案进行装点，侧面的墙壁中开凿了一间与墙壁厚度相同的小房间，包含了多柱厅的门廊通向圣所。列柱之间是一幢幢极具当时风格的栏墙，分割出一块块神圣空间。穿过两间小房间便可以抵达最深处的圣所，即至圣所。这两间房间装饰华美，直至20世纪初依然保留着鲜艳的色彩，然而1902年阿斯旺小型水坝的第一次蓄水却使得整座神庙浸泡在水中长达9个月之久，导致建筑上的色彩逐渐褪去。奥古斯都大帝在此被雕刻为法老的样子，而且在房间的墙壁上同样可以看到神化的伊姆霍特普的浮雕。

插图中央是处于搬迁中的托勒密神殿，此后于阿斯旺象岛重建。右侧是著名的老瀑布酒店

伊姆霍特普是一位历史人物，他是左塞统治时期（埃及第三王朝时期，约为前2660年）开创石制建筑的人。实际上，他是在晚王朝时期作为医者而被人奉为神明的，罗马人将其与医神埃斯科拉庇俄斯放在一起，当作仪式崇拜的对象。在神庙的第一间房间中，有一条楼梯通向屋顶，屋顶上则有一间祭祀奥西里斯的圣所。至圣所附近有一条回廊及一口测定尼罗河水位高低的井。神庙外是一堵围墙，其西南角有一座名为玛米西的建筑，即神的诞生屋。

3世纪，即戴克里先执政时期，在阿斯旺建立了边界的罗马人遗弃了此地。此后，这片地区又被

无头人所占领。无头人是一支来自努比亚的游牧民族，他们崇拜生育及繁殖女神伊西斯。随后，这片地区又被努比亚的诺巴德人（Nobades）占领。诺巴德人的法老西尔库（Silko）下令以美罗提克语（méroïtique）在凯拉卜舍刻写一段铭文。

4世纪，这座神庙摇身一变成为天主教教堂，且有铭文记载了这一盛事，特别是这一句："我，保罗大主教，第一次在这片土地上竖立起十字架。"这片地区在随后很长一段时间里都鲜有人烟，欧洲的旅行者将这座神庙形容为供沙漠商队歇脚且泥砖建筑林立的地区。

1960年，新落成的阿斯旺大坝蓄水形成了一片广阔的纳赛尔湖，最终淹没了努比亚地区以及凯拉卜舍神庙。联合国教科文组织发起了一项修复此地主要古建筑的工程，将阿布・辛拜勒神庙切割就是这项修缮工程的标志性案例。凯拉卜舍神庙也不例外，一支德国的修复小组对凯拉卜舍神庙进行了史无前例的修缮工作。实际上，这是第一次有建筑物在被拆解后又被运往40千米之外的地方重建。凯拉卜舍神庙至少被拆解成了16000块，被搬运上平底船，前往距离大坝不远处的目的地。开展这项工程需要争分夺秒，神庙每年都会有几个月被水淹没。神庙的拆解过程中出现了不少惊喜，例如在神庙中发现了托勒密时期的遗迹——大门和神殿。这扇大门被运往德国柏林重新组装起来，而神殿依然矗立在阿斯旺象岛之上。这项修缮工程成为此后人们修缮菲莱岛时所效仿的范例。多亏了这项庞大的工程，游客们如今才能继续观赏凯拉卜舍神庙。

如同荷鲁斯一般呈隼鹰外形留存于凯拉卜舍神庙的神曼都里斯。他出现于一片莲花丛当中

凯拉卜舍神庙原址东北侧的景致。尼罗河谷的这片区域最终彻底被纳赛尔湖淹没

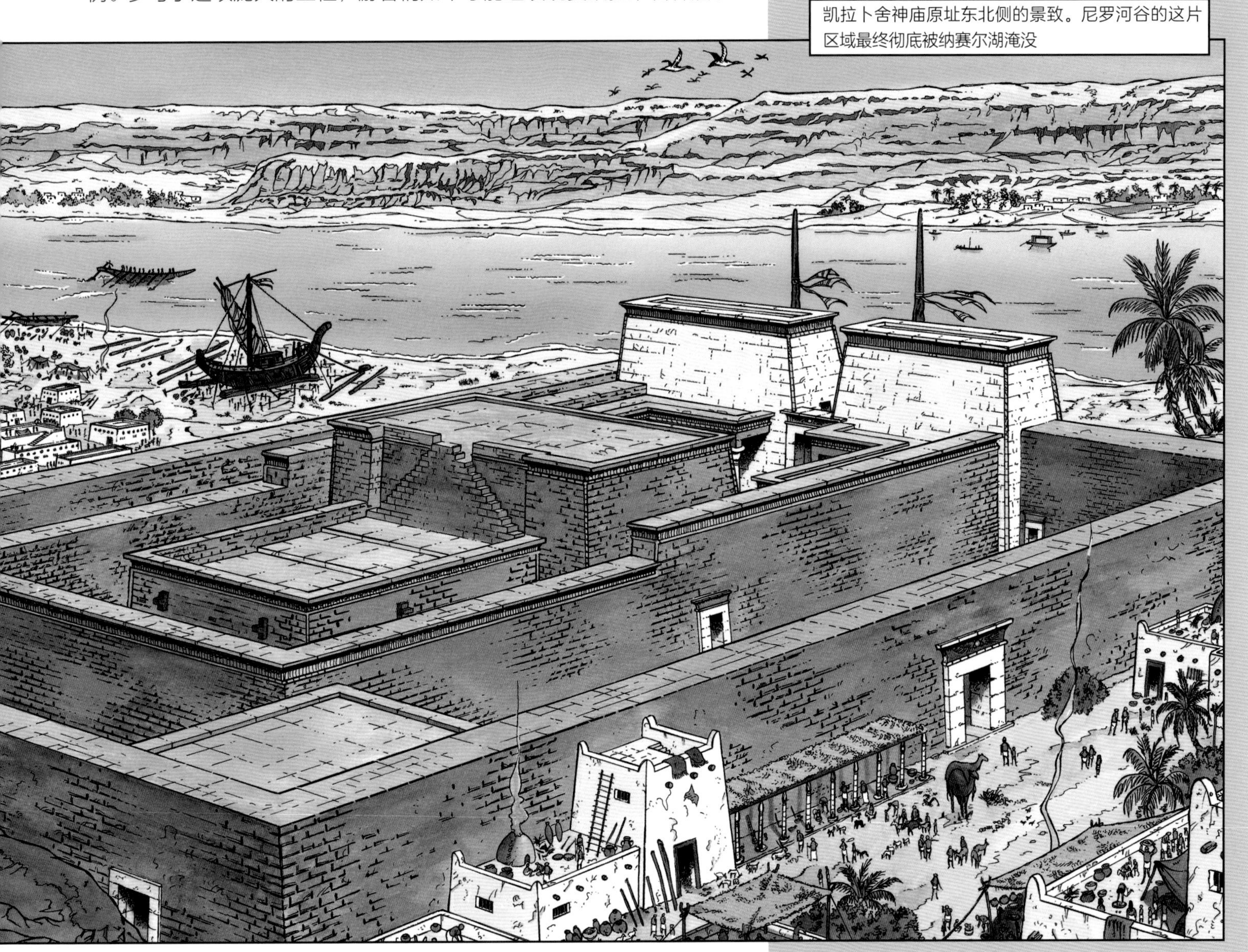

菲莱

菲莱岛作为生育及繁殖女神伊西斯的领土，坐落于阿斯旺南部的第一瀑布附近，四周是努比亚山口被日光曝晒的高耸岩石。菲莱岛于埃及历史晚期达到鼎盛，具体而言是1世纪，但是托勒密家族和罗马人对伊西斯的崇拜一直延续到540年。

伊西斯神庙中紧邻第一间庭院图书馆入口处的提贝里乌斯走廊南侧。走廊尽头的门通向第一塔门内部

伊西斯和奥西里斯的传说可以在埃及文明中找到源头。相传，女神伊西斯的丈夫奥西里斯被其弟弟塞特暗杀并肢解。伊西斯走遍各国寻找丈夫的尸块，她将丈夫的尸块重组并制作成木乃伊埋葬，继而用魔法重新赋予其生命力。伊西斯化身成为雌鸟，凭一己之力繁育出了守护法老的太阳神荷鲁斯。伊西斯是人类的守护者，被人们称为“大法师”或“善良的女神”。随着时间的推移，伊西斯越来越受到人们的欢迎。在希腊罗马时期，人们对伊西斯的崇拜达到鼎盛，其影响力一直蔓延到帝国边境，并且在高卢地区盛极一时。

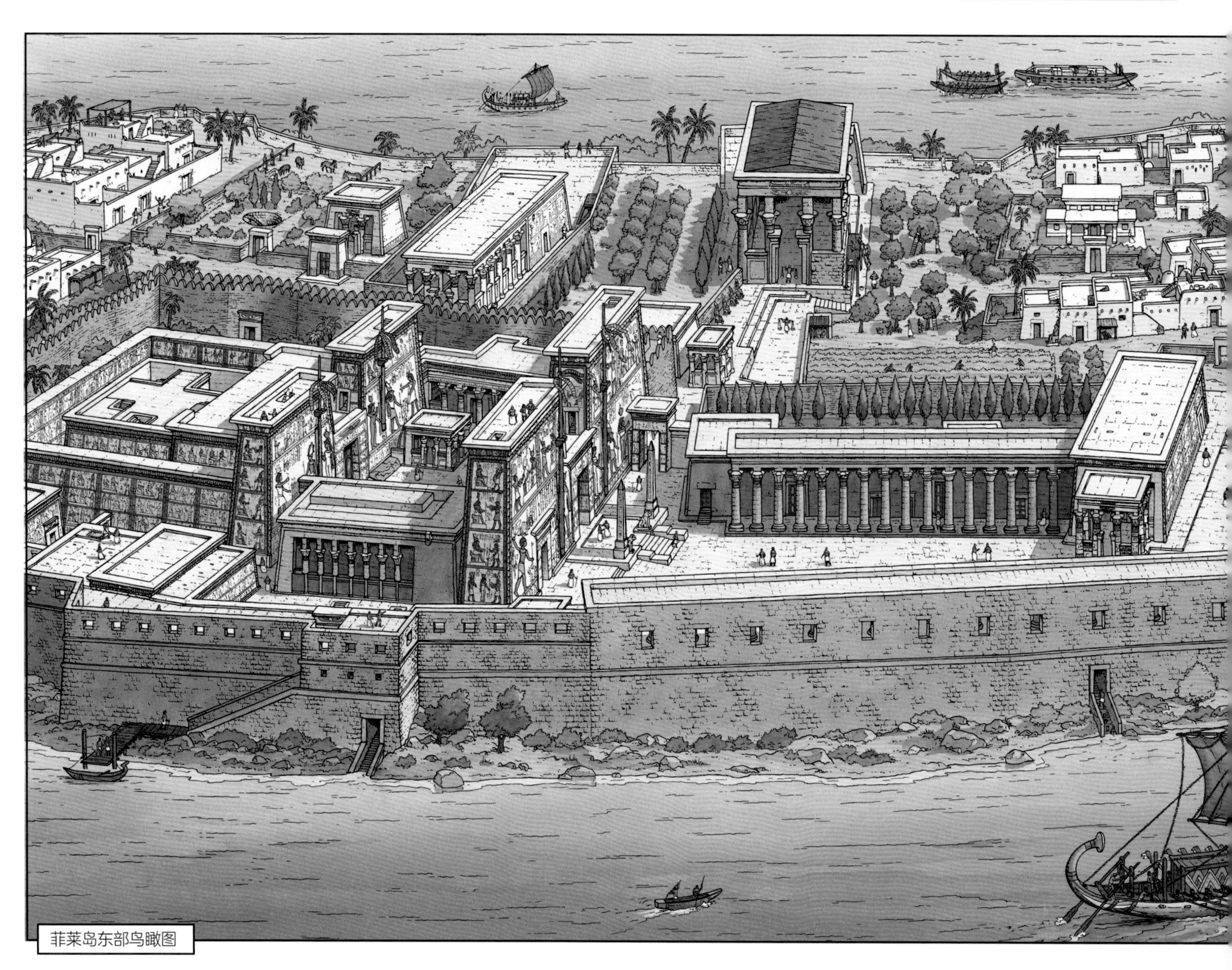
菲莱岛东部鸟瞰图

383年，罗马皇帝狄奥多西颁布禁令，禁止异教徒举行宗教崇拜仪式，并要求拆除天主教所建立起来的异域风格的神庙。出于政治原因，禁令在菲莱一直没有得以成功实施，因为这片地区的总督担心无头人会发动起义。无头人是一支野蛮好战却又无比崇尚伊西斯的努比亚部落。因此，狄奥多西允许菲莱保留原来的宗教传统，并允许无头人每年将伊西斯神像从神庙中请出进行祭拜，礼毕后再将神像放回原处。此地建有埃及宗教的最后一座堡垒。拜占庭统治者查士丁尼一世于540年下令扣押祭司，并将圣像运送至君士坦丁堡，古埃及文明就此终结。自此以后，无人可以解读埃及的象形文字。然而，菲莱没有被毁灭，而是摇身一变成为教堂了，古代神的雕像被人用石膏封印起来，让位于圣人的肖像。

菲莱岛被皮埃尔·洛蒂在抒情诗中描绘为“埃及的珍珠”，建造有埃塞俄比亚时代和舍易斯时代最早的简朴建筑。随后，埃及最后一批法老之一的奈克塔尼布一世也在菲莱岛建造了一批建筑，其中的凉亭和伊西斯神庙的塔门尤其值得一提。之后，托勒密家族在菲莱岛上几乎建造了其余全部建筑。最后，罗马人在这些成果的基础上又修建了一些建筑，新式装饰使岛上的建筑风格焕然一新。

随着圣地规模的不断扩大，越来越多的游客及朝圣者来到此地，因为无论是势单力薄的人还是位高权重的人，都可以来到这里膜拜伟大的女神，同时也可以参与到节庆盛典当中。

碧奇岛位于菲莱的西部，是奥西里斯墓穴所在的圣地，因此这里

伊西斯神庙入口。其大门建造于奈克塔尼布一世执政时期，其塔门可追溯至托勒密时期

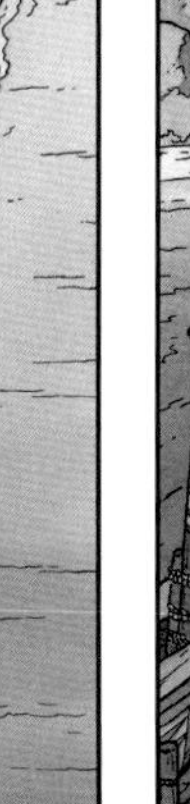

岛屿的西南端矗立着一座由奈克塔尼布一世建造的凉亭。插图后景是奥西里斯的圣地碧奇岛

从未完工的图拉真凉亭

成了只有祭司才能够进入的禁地。

游客们抵达岛屿东南部奈克塔尼布一世凉亭附近的码头，向前便可以抵达两侧均是柱廊的大广场。伊西斯神庙的第一座塔门位于这片广场之上，北部的墙壁上则是略显冗杂浮夸的浮雕。其中的一幅浮雕沿袭传统，堪称经典中的经典——法老在伊西斯、荷鲁斯及哈索尔的面前屠杀埃及的敌人。这幅浮雕具有标志性的寓意，其中的寓意意味深长：法老克服了动荡，战胜了危害埃及的所有邪恶势力，还突出了法老具有神的属性。经过塔门便是神庙的第一座庭院，庭院西侧则是极其重要的建筑物“神的诞生屋”玛米西。玛米西以举行与法老神圣的受胎和诞生相关的仪式而闻名。庭院东侧有一处容纳了各式厅堂的复合式建筑群，建筑群正面是一排由复合材料柱子组成的优美柱廊。第二座塔门那里有一块巨型花岗岩被雕琢成了石碑。这座石碑记载了阿斯旺南部绵延120千米的道德卡斯西奈（Dodécaschène）地区被赠予伊西斯神一事。第二座塔门后即是伊西斯圣所，而圣所前还有一座多柱式庭院，其间还散落着几个小房间。女神的雕像被保存于石制的至圣所之中，祭司们每隔10天便会将神像搬出放置在圣舟内，并排列成仪仗队伍，高举圣舟，行走在碧奇岛之上，希望借此使奥西里斯重获新生。

神庙四周矗立着许多古迹，其中以东侧的图拉真庭院及北侧奥古斯都神庙前的戴克里先凯旋门最为著名。岛上还有一间被称为“生命之屋”的修道院供神职人员居住，还设有其他基础设施。

大多数神圣建筑的外墙都饰以鲜艳的色彩，直至19世纪人们还可以看到这一景观。但从1898年阿斯旺第一座大坝建成后，岛屿每年都会由于大坝蓄水而被淹没，建筑上的色彩也因此褪去。1964年，高坝投入使用后，这些神庙永远浸没在了水中。因此，人们有必要像曾经拯救努比亚的古迹一样保护菲莱的

向南望去的列柱甬道。其尽头是伊西斯神庙的第一座塔门

菲莱岛北部

古迹。人们为此考虑了许多解决办法，其中一项保护岛屿的措施便是就地在瀑布的岩石之间建造水坝。而最终的决定是将菲莱岛上的古迹拆解成块，运送到邻近已预先开发过的阿加勒凯岛，以便完整还原菲莱岛的风貌。人们在此地建立起了长堤，将河水引流排干。工程从1972年持续至1980年。如今菲莱被保存了下来，尽管神庙外墙的色彩永远无法恢复了，但菲莱依旧是埃及引人入胜的地点之一。

考姆翁布

考姆翁布神庙在诸多方面都极其特殊。它坐落于蜿蜒的尼罗河河畔的山丘之上，形态类似于卫城，这在埃及比较罕见。实际上，尼罗河河谷是一片绵长的冲积平原，周围除了荒漠化的山地以外没有其他地貌类型。考姆翁布神庙的建筑风格格外引人注目，即一座神庙内供奉着两组三联神，且神庙的两部分并排而立。

庭院中两扇神庙入口大门

考姆翁布坐落于阿斯旺北部40余千米处，在托勒密时期成为上埃及第一大诺姆（行政单位）的首府。象岛城在当时经常受到无头人的威胁。这片被肥沃的原野环绕的地区以其中的索贝克神庙和荷鲁斯神庙（又合称考姆翁布神庙）而闻名。

考姆翁布神庙始建于托勒密四世统治时期，人们从罗马时期开始对其进行装饰，但始终没有完工；众多的统治者如提贝里乌斯、克劳狄、图密善都在这里留下了他们的碑铭。

神庙的建筑风格可谓是埃及独一无二的。神庙中祭奠着两组三联神：北侧的是老荷鲁斯、其妻子塞内特诺菲尔特（Senetnofret）和他们的儿子帕内普塔维（Panebtaouy），而南侧的则是索贝克、哈索尔和孔苏。这两组三联神经常同时出现在一些资料当中，二组神在此地的并列摆放也有其特别的宗教意义。荷鲁斯是太阳与天空之神，头部呈隼的样子；而索贝克又被称作苏克霍斯（Soukhos），意为鳄鱼神，是经常出没于沼泽之地的水陆两栖之神。这座神庙的二重性体现了极其复杂的宗教内涵，象征着人们应当通过仪式和膜拜来尊敬、拥护神的创造力，最终使神的创造力得以恢复。这座神庙的主要功能与其他神庙类似，即为神的创世，其循环往复的生命，以及像玛阿特一样为维护物质世界和精神世界平衡所做出的贡献举行庆祝仪式。

门廊，亦被称为多柱厅。图中左侧为通向至圣所的两扇大门

考姆翁布神庙除了祭奠两组三联神以外，其建筑样式与埃及其他希腊罗马时期的神庙基本相似。神庙的整体风格是按照千年前新王国时期古老的神庙样式设计的，同时又融合了晚王朝时期特有的元素。

用泥砖建造的围墙保护着这片圣地，通过围墙上的石制大门可以进入到圣地内部。实际上，圣地中只剩下一根立柱了，其他的立柱都已经由于尼罗河涨水而被运走了，正如玛米西的大部分也被运送走了一样。剩下的这根立柱位于神庙西侧，而其他地方只剩下一些柱台了。考姆翁布神庙的入口面向尼罗河而建，入口处的塔门开有两扇大门，但只建造一座地垒。庭院的三面被柱廊所包围，而立柱上色彩艳丽的花纹也被保留了下来。第一道石制围墙与柱廊的外墙相接，将整个神庙围绕起来。第二道石墙（与门廊正面宽度一致）则为神庙竖起了另一道围墙。与埃德富和菲莱的神庙仅有一条走廊的情况不同，这座神庙有两条走廊通向至圣所。

第一个多柱厅，更确切地讲是门廊，其面向庭院敞开的两扇大门和五根柱头呈倒钟形的立柱共同组成了正面。栏墙高度为柱子的一半，阳光从其间的门洞照射进来。这片区域在阳光灿烂的庭院和半明半暗的神秘至圣所之间起到了过渡作用。门廊处五根立柱的柱头采用了复合式建筑风格，饰以植物图案，如纸莎草、盛开或含苞待放的莲花或棕榈的图案。这些图案在鲜艳色彩的点缀下更加明显。天花板则饰以天文图案，神庙的中轴线之上雕刻着上埃及守护女神奈赫贝特和下埃及守护女神瓦吉特的神像。两扇大门通向多座多柱厅，由于此处地面较高而天花板较低，空间相对狭窄。越靠近神庙内部，光线越暗。许多房间都是用来摆放祭品的，而祭品既有固体类的，也有液体类的，所有房间内都饰有描绘宗教仪式的图案。两座神堂分别位于中轴线两端，并且完全沉浸在黑暗之中。那里有日晒砖建造的化身为鳄鱼形态的索贝克神像和化身为隼形态的荷鲁斯神像。用来放置两尊神像的黑色花岗岩底座仍保存完好。

神庙主体周围矗立着几座神殿，其中保存最为完好的是用以供奉哈索尔的神殿。图密善七年（87年），一位名为贝托尼娅（Pétronia）的罗马女子和她的孩子们对这座神殿进行了装饰。象征着索贝克的神圣动物鳄鱼也被制作成了木乃伊，如今游客们还可以观赏到其附近墓葬群出土的鳄鱼木乃伊。

在19世纪英国水彩画家大卫·罗伯茨的画笔下，这座神庙的四分之三深埋于金色黄沙之中，其四周则是堆叠起来的断壁残垣。这幅美丽的画作多次被后人临摹，想必这幅画作会比遗迹本身更加充满浪漫色彩。遗憾的是神庙如今已经残破不全了，来到考姆翁布的游客们只能在脑海中构建神庙那盛极一时的独特风格和蔚为壮观的景致了。

在神庙后面向西南方望去的景致。图中前景左侧是索贝克神庙，右侧是荷鲁斯神庙。插图后景则是尼罗河

由庭院望去的索贝克和荷鲁斯神庙入口

屹立在尼罗河涨起的洪水之中的考姆翁布圆丘

埃德富

埃德富的荷鲁斯神庙是托勒密时期的建筑奇迹，同时也是埃及保存较为完整的神庙之一。其所有墙壁均以宗教画和象形文字装饰，因此可谓是一部古代神庙的百科全书，涵盖了仪式、节日和神谕等诸多方面。

1799年，拿破仑埃及科考队的学者们发现了被深埋至天花板的遗迹。只有塔门和高大的立柱从断壁残垣中耸立出来，自古以来一代代的居民在神庙上方的土地上建立起了简陋的房屋，而这些残砖碎瓦正是由此堆积起来的。1860年，考古学家奥古斯都·马里埃特开始了拆除神庙上大小64栋居民点的工程，随后又做了清扫遗迹的工作，使古代墙壁的底部呈现在世人面前。对于遗迹内出土的铭文和文献的研究则持续了近一个世纪，可谓是一项庞大的工程。

在围绕圣所的回廊中向南望去的景观。排水口建造成狮子的形态，而狮子则象征着守护。因此这里的排水口有着双重作用：一是避免雨水积聚，二是具有宗教意味

埃德富神荷鲁斯的宏伟雕像

实际上，如果说新王国时期的象形文字符号大约有600个，那么托勒密时期的象形文字符号则有上千个，语言演进到了更为复杂的阶段。这些至关重要的研究成果能够使我们对埃德富的历史进行精准定位。荷鲁斯神庙始建于前237年8月23日，正值托勒密三世（奥厄葛提斯一世）统治时期，于前57年12月5日经托勒密七世（尼奥斯·狄奥尼索斯）之手完工。

埃德富城坐落于尼罗河左岸，位于底比斯（卢克索）和象岛（阿斯旺）之间，是埃及第二大诺姆的首府，并且拥有一个希腊化的名称——大阿波罗坡利斯，因为在神话中，希腊的阿波罗与埃及的荷鲁斯极为相似。埃德富城在古代曾经是一座坐落于沙漠商队必经之路出口处的重要小镇，而这条商路是从努比亚和遥远的非洲内陆延伸至此的。此外，那里还有一条从通向金矿的沙漠河谷延伸至此的道路。当地的人们膜拜以隼的形象示人的太阳与天空之神荷鲁斯，荷鲁斯是伊西斯和奥西里斯的儿子，也是法老的守护神。庞大的神庙四周是广阔的圣域，也是这片地区最为富庶的地方，盛产谷物。神庙建立在南北向的中轴线之上，建筑风格如古典主义风格般中规中矩，如同之前提及的考姆翁布神庙一般。一座高耸的塔门通向庭院，之后便是由复合式立柱构成的多柱厅，再往后则是神庙中的圣地至圣所。若想全方位详尽描述这座神庙着实有些困难，但我们可以从这座建筑的几个特

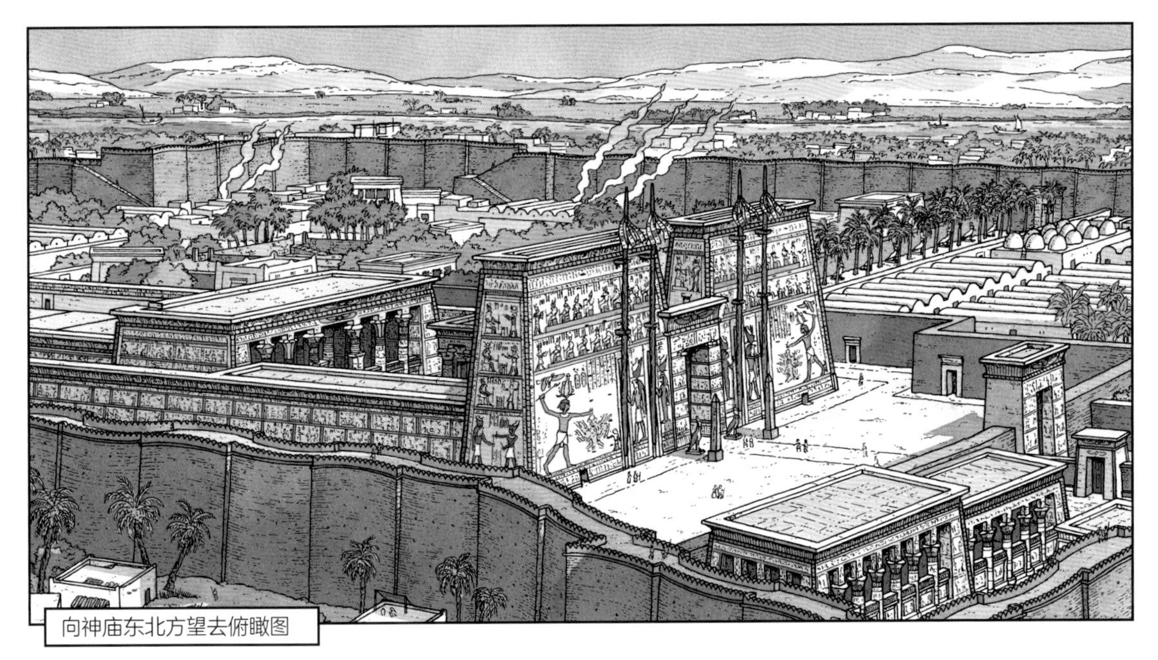
向神庙东北方望去俯瞰图

像被祭司从石制至圣所搬运至洁净之厅，参见本书第20页的插图，图中呈现了神像的衣着外貌以及仪式上使用的奠酒和祭品。神像被安置在一个精致的木制神龛当中，而后神龛被置于神庙屋顶之上，继而又被置于平台东北角由哈索尔式立柱构成的凉亭内。日光的照射使神重获新生，并使其重获随时间流逝而失去的力量。

第二个广为流传的仪式被称为圣婚节，这一仪式庆祝的

别方面入手。首先值得一提的是建筑的庞大规模——137米长，79米宽，并建有36米高的塔门。塔门上矗立着直插天空的镶金西里西亚松树干，作为旗杆。旗杆上挂着的彩旗在天神的呼吸下飘荡。神庙的天花板保存完好，如今游客们还可以在这座埃及神庙的内部感受当时的氛围——越向神庙的北侧深入，光线越昏暗，直至光亮完全被至圣所中的黑暗取代。神秘的地下室或藏于厚墙之中，或藏于地面的石板之下。至圣所内许多厅堂都有其明确的分工——珍宝厅、献祭厅、前庭、图书馆、实验室，其他的房间中则供奉着次要神。

埃及的神庙不是信徒们的聚集地，而是神的居所，只有举行日常礼拜仪式的祭司才能入内。祭司们在颂歌的伴奏下于清晨唤醒圣像，为其穿衣、献祭、洗礼，以便神创造生命、保护众生、乐善好施的神力得以维持和延续。除了日常的礼拜仪式以外，神庙每年还会举行节庆仪式，同城的居民有时也能参与其中。

神庙的墙壁上记载了4种节日庆典：第一种是每年新年举行的太阳节。在仪式上，神

门廊入口及佩戴双王冠的荷鲁斯巨像

是女神哈索尔自登德拉神庙溯尼罗河而上，最终与荷鲁斯重逢的故事。埃德富及其周围地区进而又发展出来许多其他仪式。人们在仪式期间齐聚一堂享受欢乐，情形正如下图所示，仪式持续两周，节庆后圣子“两片土地的统一者”荷鲁斯诞生。三联神再一次得以完整，哈索尔又再次回到登德拉。

胜利节庆祝的是荷鲁斯打败了杀害其父奥西里斯的凶手塞特。乔装打扮的祭司们在圣湖（如今已被现代城市所取代）上演这一情节。这部剧象征的是正义终将战胜邪恶，法老终将战胜现实世界或精神世界中的敌人。

新年时的庭院及洁净之厅

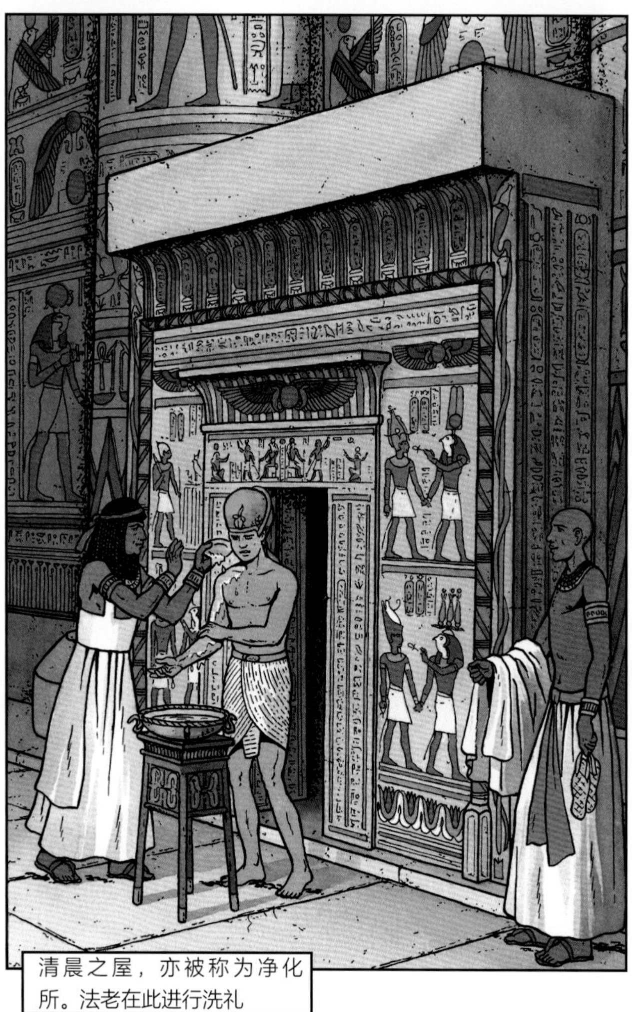
清晨之屋，亦被称为净化所。法老在此进行洗礼

最后一个庆典则是加冕节，人们每年都会将从鸟笼中飞出的隼奉为圣隼。这只圣隼会在一整年的时间里受到人们的顶礼膜拜，并且在死后也会被制作成木乃伊安葬。这一仪式在围墙南侧、靠近玛米西的小型神庙中举行，象征着法老的重生。

荷鲁斯神庙的塔门是迄今为止埃及保存下来的塔门中最高的，有36米高。两尊隼形巨像分别矗立于入口两侧，地垒上则刻画着关于屠杀战俘这一传统题材的浮雕。扶梯和房间均建于宽厚的墙体之中，而塔门正面的狭小窗口却清晰可辨。高14米、宽30厘米的门框足以合上神庙的巨大门扉

埃德富神庙多柱厅内庆祝圣婚节的仪式队伍

伊斯纳

位于伊斯纳的克努姆神庙如今遗留下来的不仅是残破不堪的多柱厅，它还有一部分建筑被掩埋在了现代城市之下。克努姆神庙始建于新王国时期，但是它极有可能像埃德富神庙一样，在托勒密时期被另一座更为重要的神庙所取代了。克努姆神庙仅存的部分历经了几个世纪，自罗马统治时期以来一直未曾有人触动。

门廊的列柱

门廊始建于14年提贝里乌斯执政时期，但历经克劳狄、韦斯巴芗、图密善、图拉真、安东尼及德西乌斯之手的刻写铭文工程持续了两个多世纪。

伊斯纳位于底比斯南部45千米处，是尼罗河左岸第三大诺姆的农业及商业据点。希腊人称其为莱托坡利斯，即尼罗河鲈之城，这种鱼类在当地受到人们的顶礼膜拜，亦被制作成木乃伊。拿破仑埃及科考队发现了此地的神庙，但商博良在1828年抵达此地时，竟然为了修缮尼罗河沿岸的码头，而命人将神庙拆解，用拆解出的建筑材料修缮码头!克努姆神庙由于作为棉花仓而免遭拆除的厄运。此外，这一时期的浮雕从立柱埋入土中的部分一直延伸至柱头。实际上，随着几个世纪以来人们对于神庙的探索不断深入，这片圣域的本来面貌逐渐呈现在了人们面前。蔚为壮观的遗迹大概还沉睡在不断累积的黄沙之下吧!

克努姆神庙的门廊，神庙内几乎没有被后人触动的痕迹，是埃及地区希腊罗马式建筑的典范。这座建筑后方可能还有遗迹被掩埋在城市之下。几个世纪以来，由于断壁残垣与沙土的不断堆积，如今地面的水平位置比过去高了9米多

如今，只有进入一座深9米的洞穴当中，才能欣赏到埃及的希腊罗马式建筑典范。建筑内24根高13.3米的立柱支撑着下楣。天花板上装饰着与天文及黄道有关的图案，而墙壁和立柱则从上至下刻满了浮雕及象形文字。关于宗教的铭文和图案详细地描述了当地的节日、习俗以及歌颂当地三位神——克努姆、奈特以及海卡（Héka）的赞歌。克努姆是牧羊之神，也是埃及万神殿中最为重要、最为古老的一位。传说正是克努姆创造了世界，并在尼罗河的淤泥当中用陶轮塑造了人类。他与奈特共同构成了繁衍后代所需的两种性别，即男性和女性。伊斯纳的铭文讲述了这位牧羊之神创世的经过，即他将天空与大地分开的过程。

立柱柱头以植物元素装饰，样式新颖，形态多样，色彩艳丽，象征了克努姆所创造的自然富足又繁茂。建筑正面立柱间的栏墙围住了多柱厅。而栏墙的檐壁则以神圣的眼镜蛇图案装饰。这些由太阳神拉派生出来的神，与敌人或是邪恶的精神力量相对抗，保护着

神庙及法老。实际上，神圣的眼镜蛇造型与瓦吉特较为相似，它们搭配着不同样式的神圣头饰，出现在法老的头冠之上。立柱间的每块栏墙上都雕刻着意义深远的宗教画。这是希腊罗马人统治时期的典型建筑风格。

考古学家在整个埃及发现了可追溯至希腊罗马时期的百余座遗迹，建筑类型从小型神殿到宏伟的建筑群一应俱全。只有伊斯纳神庙完整地保存了下来，其中希腊罗马式建筑的主要特点都有所体现，即独树一帜的整体化设计风格。大部分建筑都是完全按照最初的设计方案建造的。建筑方案从始至终几乎毫无变动，这与新王国时期的情况大相径庭，因为新王国时期的每位法老都会在原始方案的基础上进行修改并添加额外的元素。此外值得注意的是，这座埃及历史后期的建筑在设计和质量方面均优于拉美西斯时期仓促修建的建筑。

这种“托勒密”风格抑或“希腊罗马”风格，在6个世纪内广受欢迎，因为这一风格在传统法老艺术的基础上融合了大量新元素。需要强调的是，这些神庙的构造均延续了典型的埃及建筑风格，即使是在埃及相继被希腊的托勒密家族和罗马人占领之时，建筑在构造方面也没有任何改变。亚历山大的继承者们远居亚历山大里亚，生活在希腊文化之中，他们对于当地的宗教没有进行过多的考量。倘若他们鼓励兴建大型宗教建筑群，并且亲临此地指导，那么一定可以使神职人员与百姓和平相处，避免暴动的发生。然而埃及对于他们而言只是一座出产大量粮食的“粮仓”而已。所有这些遗迹的真正设计者和建造者均为埃及的祭司及其下属的建筑师。罗马皇帝和行政长官对埃及采取了和本国相同的政策，埃及从此成为罗马帝国的一个普通行省。

克努姆神庙正面，牧羊之神在陶轮上创造人类

卢克索

卢克索神庙坐落于尼罗河右岸，依傍河畔，地处这座现代化城市中心，是上埃及的旅游胜地，与卡纳克的大型神庙建筑群一样，这里也是阿蒙-拉神宗教建筑群不可分割的一部分。一条长长的神道，两边屹立着斯芬克司石像，穿过了古城底比斯将两地沟通相连。

由拉美西斯二世庭院向南望去的阿蒙诺菲斯三世柱廊。图中前方的阴影是阿布·埃尔·哈加格清真寺投射下来的。几个世纪以来，由于堆积的断壁残垣越来越多，后面的一座大门已经距原来的地面5米高了。19世纪浪漫主义雕刻和绘画作品中出现的墙壁和柱子都已化为尘埃之上的废墟。可以想象，考古学家需要耗费多大精力才能使古代土层重现人间，并且还要将土层用于神庙研究，使这些无与伦比的建筑有朝一日重回大众的视野

底比斯，在古埃及语中名叫“瓦塞特（Ouaset）”。中王国早期之前，这里仅仅是一个诺姆的小镇，是权杖之诺姆（“瓦斯”Ouas）的首府。长久以来，那里的人一直崇拜当地的各种神灵，尤其是阿蒙。不过，当时埃及的首都孟菲斯在北方，后来底比斯的诸位君王才将瓦塞特打造成了全国的首都。这是中王国列位以孟图霍特普或塞索斯特里斯为名号的法老所倡导的事情了。在随后的第二中间期，埃及四分五裂，受到外族入侵。后来，底比斯摆脱了喜克索斯人的控制，重获自由。喜克索斯人是一支亚洲部族，以尼罗河三角洲的阿瓦里斯（Avaris）为首都。卡摩斯和阿摩西斯两位法老逐渐击退了喜克索斯人，而且后者建立了新王国。在这一时期，埃及的疆土超越了自然边界，北达叙利亚，南抵现代的苏丹。底比斯因而成为埃及的大都会，迎来了光辉灿烂的时代，财富丰盈。卢克索与卡纳克的大型宗教建筑群在尼罗河的右岸拔地而起，而河流的左岸也兴建了神庙，比如美迪奈特·哈布，与帝王谷遥相呼应。

如今人们可以欣赏到的卢克索神庙是新王国时期两位伟大法老的杰作，他们分别是阿蒙诺菲斯三世（阿蒙霍特普三世）和拉美西斯二世，然而资料显示还有一座更为古老的建筑已经消失不见了，这座建筑始建于女法老哈特舍普苏特执政时期，而拉美西斯二世则用其建筑材料修建了位于塔门后方的三角形船形祭坛。第一条仪仗大道连接着卡纳克和卢克索，全长超过2000米，其确切建造时间可追溯至哈特舍普苏特在位时期。一片被称为“南方的欧派特”的地区在当时已经有了极为深远的宗教含义，并与底比斯重要的宗教节日欧派特节息息相关。阿蒙-拉是天空之神，是“天空之领主”，同时阴茎勃起造型的阿蒙-拉又是丰产之神，这位栖居于卢克索的伟大神祇每当尼罗河涨水最为严重的时候，便在“南方的后宫”中重新施展其创造生命的神奇力量。

位于地垒前已有部分损毁的拉美西斯二世巨像头部，这座巨像实际是塔门的一部分

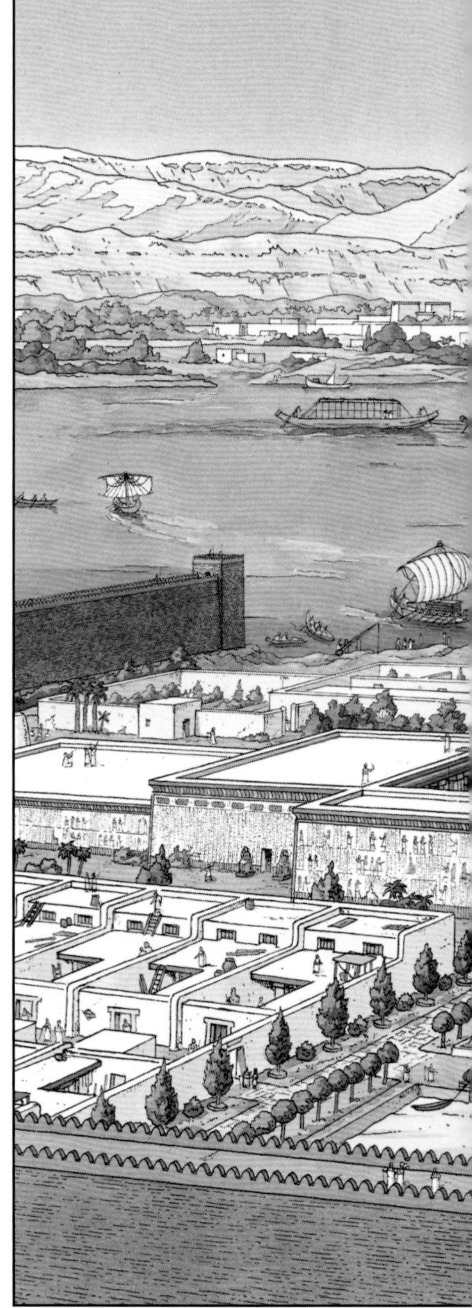

阿蒙诺菲斯三世建造了如今神庙三分之二的面积，并且在礼拜仪式方面作出了额外的贡献：法老的神性在此得到颂扬，尤其是在著名的“神的诞生屋”玛米西中，法老被人们当作神之子供奉。这座神庙面朝北方的卡纳克而建，由圣所、供奉底比斯三联神圣舟的祭坛、由列柱装饰的阳光庭院以及以纸莎草图案为装饰的高大柱廊组成。墙壁的装饰工作是在图坦卡蒙统治时期完成的，上面的浮雕描绘了欧派特节的场景，欧派特节是当时在水陆同时举行的节日。神庙的正面是一座大门，此后拉美西斯二世又在大门前建立了一座前院，前院则由列柱和塔门组成，塔门沿斯芬克司甬道的中轴线而建。圣舟的祭坛位于庭院的西北角，许多巨像矗立在庭院的列柱之间或塔门之前。人们可以在每年节日庆典期间来到此地献上祭品。其中一扇侧门通向尼罗河水域的码头，而其他的侧门则通向居民区。四尊呈坐姿的拉美西斯二世巨像是法老的卡

奈克塔尼布一世统治时期在卢克索塔门前为划定广场所建的围墙。经过一扇石门便可以进入其中。阿蒙诺菲斯三世建造的甬道是一条两侧矗立着人首狮身的斯芬克司雕像的大道。这条大道延伸至穆特甬道与孔苏甬道的相交之处，全长超过2000米。色彩鲜艳的斯芬克司像前则是一片灌木丛和花圃。这条大道被重新清扫和修缮过，以便游客可以沿这条古老的神圣道路前往卡纳克

向西望去的神庙全景

卢克索神庙中阿蒙诺菲斯三世庭院里的欧派特节仪仗队伍

（生命力）的象征，也是君主权力的强烈体现，拉美西斯二世对于圣像的投资与建造达到了使人惊讶的程度。神庙入口前竖立的两座阿斯旺花岗岩方尖碑中的其中一座已经不在此地了，如今矗立在巴黎的协和广场中心。一座塔门构成了神庙的正面，它象征着地平线上的两座大山，太阳从两座山间升起，预示着清晨的到来。拉美西斯二世命人在卢克索塔门的墙壁上雕刻了著名的卡迭石战役的场景。这场战役发生于拉美西斯二世即位的第五年，他在这场战役中迎击了来自安纳托利亚的赫梯人。墙壁上的铭文歌颂了法老在赫梯人占上风的情况下依然取得了胜利的荣耀。卡迭石战役的详情将会在《埃及之卡纳克、卢克索和帝王谷》一书中详细讲述。

这座神庙在拉美西斯二世之后没有再被扩建。亚历山大大帝统治时期，神庙中央建立起来一个新的圣舟祭坛。从未到过上埃及的马其顿征服者在这里以法老自居，并且改变了此地祭神的方式。在罗马皇帝哈德良的统治下，神庙前面又盖起了一座塞拉比斯和伊西斯神庙。之后，这座神庙在戴克里先执政时期被罗马人改造成军营，并有了一个新名字：埃尔-乌克索尔（el-Ouqsor），在阿拉伯语中是“要塞”的意思。科普特人在异教徒的神庙中建造教堂，并于阿拉伯时期沿神庙的一个墙壁建造了阿布·埃尔·哈加格清真寺。这座清真寺如今依然坐落于拉美西斯二世庭院的角落里。穆斯林有一种宗教节日，每逢节日期间，他们便会将圣舟搬出，并抬着圣舟穿越整座城市。

向南望去的拉美西斯二世庭院

卡纳克

卡纳克位于如今的卢克索市南部，是古人称之为底比斯的地区，也是埃及极受游客欢迎的地方之一。坐落于卡纳克的各大遗迹共同构成了人类历史上规模较大的宗教建筑群之一。游览卡纳克的游客常常会因为建筑群结构复杂、遗迹规模宏伟而迷路。但卡纳克却是最能够体现古埃及的雄伟与智慧的地方。

卡纳克这一名称来源于阿拉伯语“阿尔–卡纳克”（al-Karnak），意指“堡垒村”，它还有着一个古埃及语名字“伊派特·伊苏特”（Ipet Isut），即指“受崇拜之地”，仿佛各个圣地最终都会汇聚于此一般。卡纳克供奉着众多神祇，孟图是底比斯战事的保护神，欧派特是掌管生命降生之神，而卡纳克最重要的一座神庙内供奉的是当地神阿蒙，其名字寓意为“隐藏者”。阿蒙与孟菲斯附近的赫利奥坡里斯的太阳神拉联系紧密，二者合在一起被称为阿蒙–拉，即“众神之王”。这座建造于中王国时期的神庙虽然略显朴素，但在经历了几个世纪的朝代更迭后，依然是埃及规模最大的神庙。其扩建与装饰工程一直延续到了2000多年以后的希腊罗马时期，但始终没有完工。

我们在此仅作出一个简要的概述，并会在另一册书《埃及之卡纳克、卢克索和帝王谷》中对卡纳克神庙进行详细描述。

头戴内梅什巾冠和双王冠的拉美西斯二世巨像，展现了君王的风范。巨像手中的持有物象征着权力，两腿之间守护的则是其妻子。人们在第二座塔门的断壁残垣中找到了巨像的碎片，并将其重组，由于这座巨像被大祭司所侵占，因此有时会被称作“皮涅杰姆巨像”

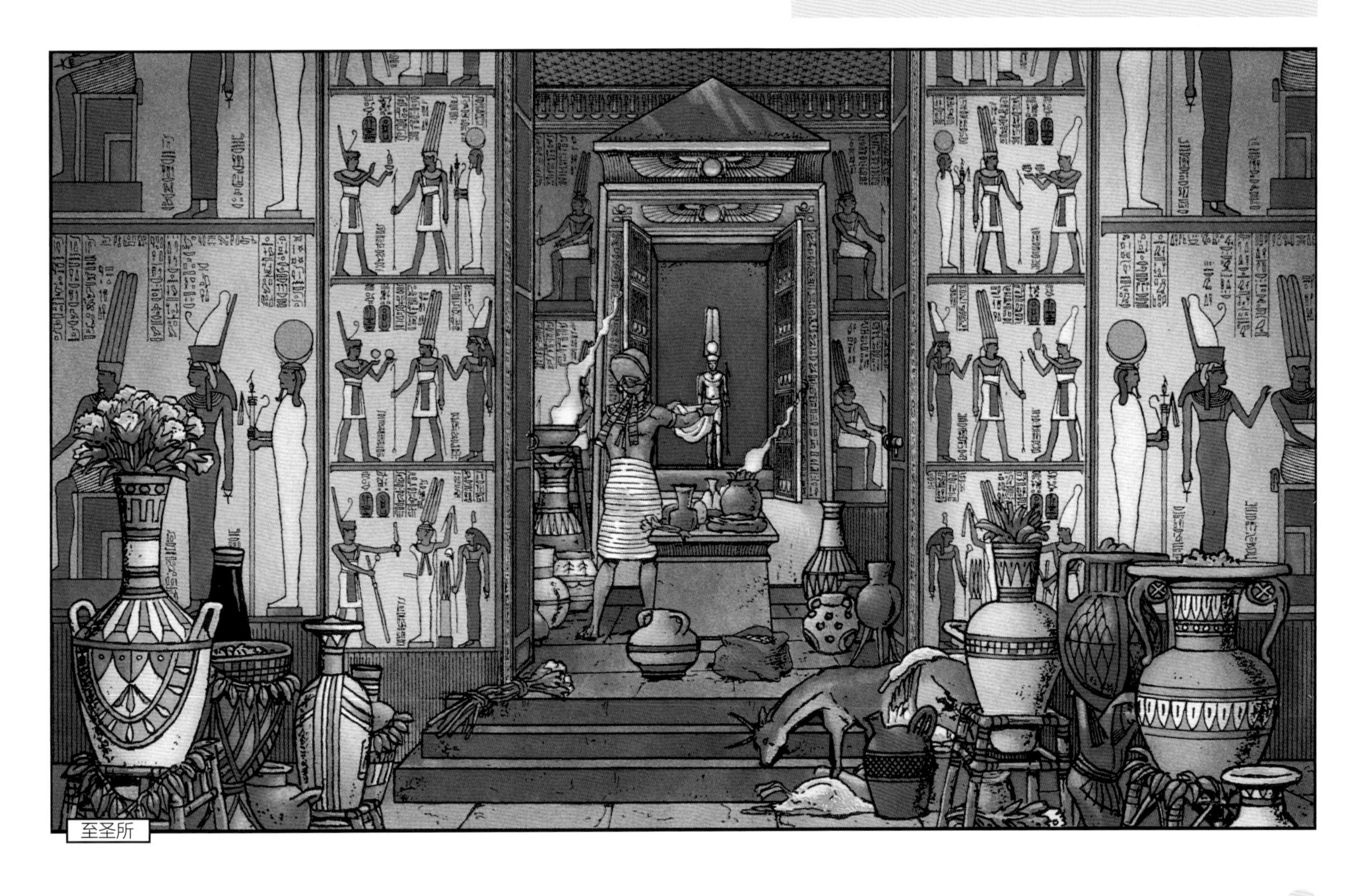

至圣所

多柱大厅

最初建造的圣所如今已难寻踪迹，之后于旧址再次建立起来的圣所被我们称为“中王国庭院”，采石工人自罗马时期便开始在这片空阔的地方使用精致的白色石灰岩制作石灰。有人提议将遗迹进行重建。圣所包括了由欧西里亚式立柱构成的入口正面、中央庭院以及神堂。多亏了罗马人曾将这里作为石灰提炼场，这座庭院的主要建筑被工匠居住或使用，未被拆除，所以“中王国庭院”才得以保留下来。实际上，神庙前曾经可能还建有塞索斯特里斯一世蔚为壮观的白色神殿，但这座神殿在新王国时期被拆解开来，用于建造神庙中的第三座塔门了。这座神殿于20世纪初被人们重新发现，并在博物馆的露天场地中被重新装配起来。

随后，这座神庙又于新王国时期沿城市的古老轴线不断扩建。第十八王朝至第二十王朝的大多数法老相继在其中建立了圣舟祭坛、塔门、方尖碑、不同用途的厅堂和神庙前的斯芬克司大道，这条大道沿东西向轴线而建，描绘出了太阳的运动轨迹。中王国时期的神庙后都建有一座副圣所，例如图特摩斯三世用于节日庆典的三世圣所。一座三重的石墙围绕着新建的阿蒙-拉神庙。卡纳克最具纪念价值的地方也始建于这一时期——一座矗立着134根纸莎草式立柱的多柱大厅堪称埃及建筑的奇迹。一条向南延伸且沿中轴线而建的仪仗大道也始建于新王国时期，道路两侧则矗立着与庭院中的塔门完全相同的4座塔门。这条中轴线道路通往穆特神庙，女神穆特是底比斯三联神中的母亲，她在阿蒙-拉神庙的南部有其专属的圣域。两旁矗立着斯芬克司雕像的甬道通向卢克索神庙，底比斯每年最重要的欧派特节期间，抬着圣舟行进的仪仗队伍会途经这条道路。三联神中的圣子孔苏在其圣母穆特的神庙南部有一座属于自己的神庙。而头部呈隼形的神孟图也在卡纳克北部有其独立的圣域。

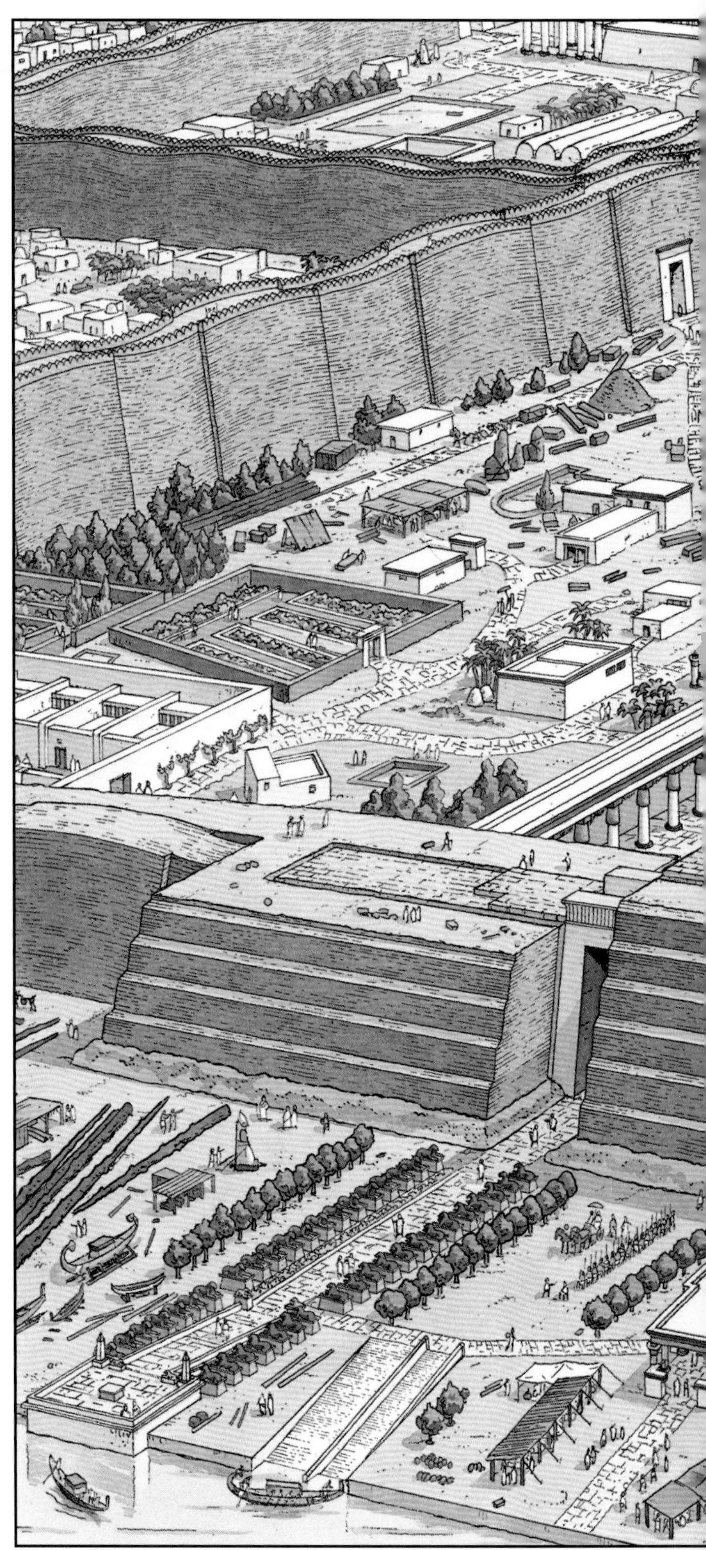

神庙在新王国时期继续向东扩建，布巴斯提斯王朝的统治者在郝列姆赫布的第二座塔门前建造了一座大型庭院，埃塞俄比亚的统治者塔哈尔卡建立了由10根立柱搭建的凉亭，此外他还扩大了阿蒙圣域中湖泊的面积，并在圣域北部建立起一座神庙。第一座塔门和日晒砖围墙则是由奈克塔尼布家族的最后几位统治者建造的，建造时间为两次波斯侵略战争之间，且恰好在前4世纪末亚历山大大帝抵达埃及之前完工。但这座作为圣域门面的塔门却一直没能完工，托勒密家族只是对其进行装饰，并修建了几扇门和几座神殿而已，此外托勒密家族还在孔苏神庙旁和奥伊尔赫特大门旁建立了河马女神欧派特的神庙。孟菲斯神祇普塔的神庙则建在了圣域北部。

这片庞大建筑群四周坐落着一些小型神殿，其中一些是用于祭拜奥西里斯神的，除此以外的上千尊雕像、祭司的居住区、名为“生命之屋”的校舍、珍宝库、当地的行政部门也汇聚于此，而行政部门则掌管着大面积的圣域，包括围墙之外的地区。实际上，卡纳克与数不尽的土地、农田、作坊、采石场息息相关，正因为如此，卡纳克才成了富足强大的重要经济中心。这正是一些阿蒙的祭司在此处自称法老的重要原因之一。卡纳克的荣耀造就了底比斯的荣耀，即使是在被荷马描述为“千门之城”[1]的时期，卡纳克也是上埃及和下埃及的政治中心。

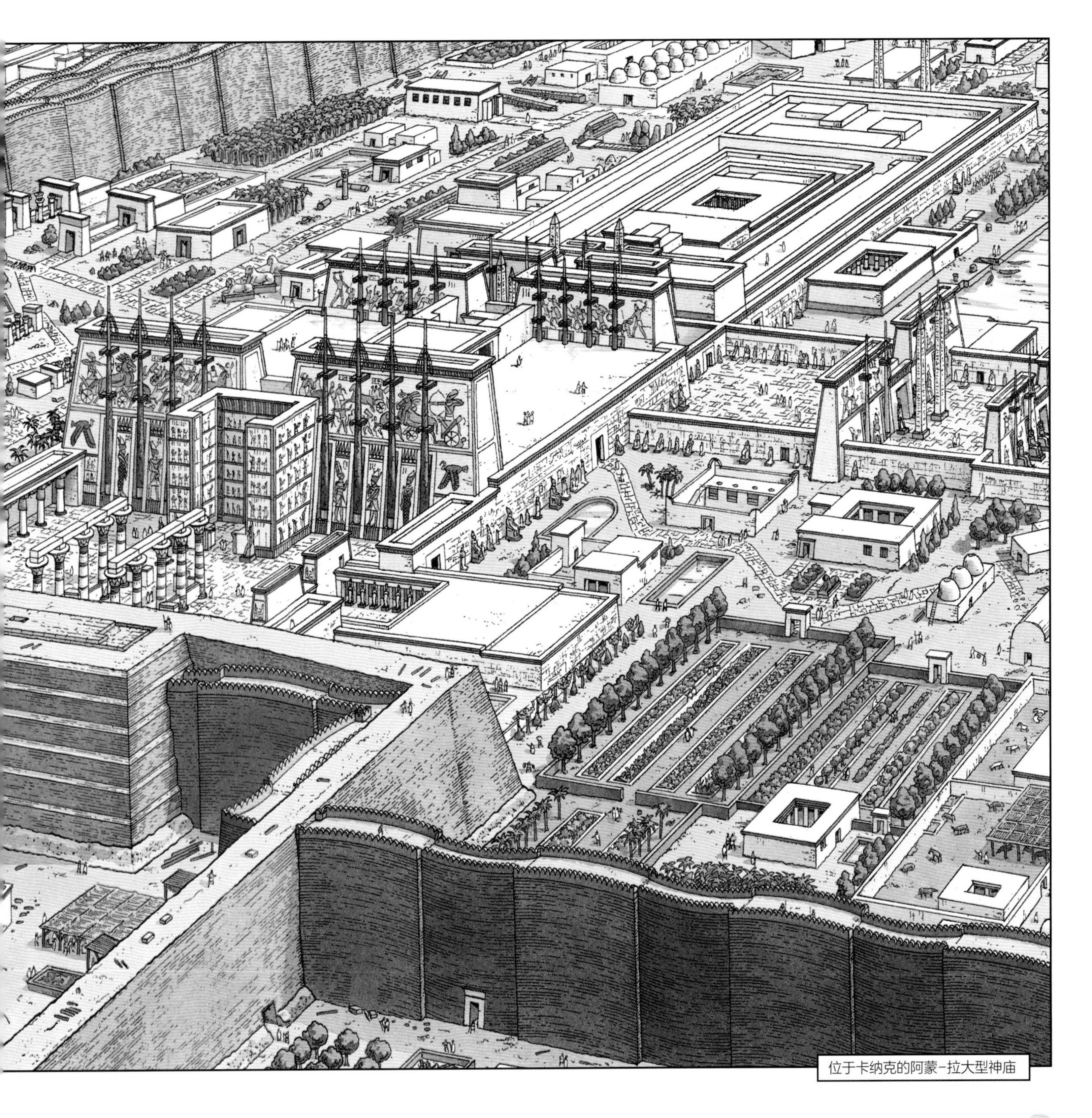

位于卡纳克的阿蒙-拉大型神庙

[1] 古城底比斯曾是埃及的首都，鼎盛时期因神庙和各式房屋众多，被诗人荷马称为“千门之城”。

美迪奈特·哈布

美迪奈特·哈布经常被游客们排除在旅行线路之外，但它着实值得一游，因为那里有坐落于尼罗河左岸的底比斯保存最完好的“葬祭庙”。拉美西斯三世的神庙至今仍出奇完好地保留着墙壁、柱子及其上面的色彩。在这座庭院和列柱廊中漫步令人难忘，使人们对于新王国时期神庙的风格与规模有一个真实的认识。

第一座庭院中饰以纸莎草图案的列柱

拉美西斯三世并不是拉美西斯二世的儿子，而是其身后的第七位法老（详见年表），他决定在所有由新王国时期法老建造的神庙南部修建自己的千秋神庙，但不在农田和沙漠地区建造，最终沿着一条运河可以抵达所有这些神庙。这条运河与尼罗河相连，同时这条运河上还会举行底比斯一大节日——“美丽的河谷节日”[1]的庆典，每年庆典期间，卡纳克的阿蒙、穆特和孔苏的雕像便会沿运河巡回搬运进沿岸的神庙当中。底比斯三联神以此来看望已故的法老，而法老的葬礼则是在大型神殿中举行的，这些神殿与不远处帝王谷中建造的隐蔽墓穴共同构成了一个整体。一些埃及学家认为，在拉美西斯三世统治时期，欧派特节甚至影响到了美迪奈特·哈布。这些神庙不仅供奉着底比斯地方的神，也属于阿蒙圣域的一部分。每一座神庙都是为已逝法老建造的纪念堂，拉美西斯二世建造的拉美修姆神庙亦是如此，这座神庙与拉美西斯二世的丰功伟绩密切相关，并且是美迪奈特·哈布的建筑典范。

高塔，即以亚洲防御工事为原型建造的拉美西斯二世领地的入口

新王国时期最后一位伟大法老拉美西斯三世从拉美修姆神庙中获得灵感，建造了自己的神庙，但是他选取了一块已被另一座神庙占据的地方，那座神庙始建于图特摩斯三世执政时期，是一座阿蒙的小型神庙。根据当地的传说，阿蒙出现于原初混沌之水努恩的原始丘之上。这座神庙存续了相当长时间，一是因为这座神庙直至希腊罗马时期还一直不断扩建；二是因为有一个名为“十日节”的宗教节日，这一节日每隔10天举行一次，卢克索的阿蒙神像每逢节日期间便会出现在这座古老的神庙之中。

埃及的财富在拉美西斯三世的统治下达到了顶峰，然而军事实力却在不断衰退。甚至法老也要在其神庙外加盖一层围墙，以抵御外敌入侵，这样做也可能是为了抵御伴随严重经济危机而产生的国内暴乱。历史上第一起著名的罢工就发生在拉美西斯三世统治时期。

神庙北侧围墙的浮雕记载了一场著名的海战，法老在这场战役中迎击了来自北方的海上民族，海上民族在拉美西斯三世执政初期便企图侵占尼罗河三

【1】美丽的河谷节日是所有底比斯居民缅怀死者、崇拜眷顾王城诸神的节日。每年的5月末或6月，底比斯人齐聚底比斯城的公共墓地、王室陵墓以及祭堂，举行丰富多彩的游行活动。

角洲地区。而西侧的利比亚部落同样威胁着埃及，由此可以认为，美迪奈特·哈布其实也是一座防御工事。美迪奈特·哈布两处入口的设计灵感直接来源于叙利亚的军事建筑，如今旅客们还能穿过这座高塔形的入口进入神庙之中。这座神庙雄伟壮观，建造时挪用了原本用于修建后宫的石块，而也正是在后宫之中，酝酿着一场使拉美西斯三世为之丧命的阴谋。他的一名妃子想要除去王位的继承人，以使她自己的儿子上位，同时她也想方设法让在位的法老尽早过世。一份流传至今的著名纸莎草纸讲述了这些谋反者的可怕下场——他们被判处死刑，或被命令自行了断。然而，人们却不知道王后和她的儿子蓬塔威尔随后所策划的另一起阴谋事件及其结果。最新的科学研究成果显示，拉美西斯三世最终遭割喉身亡，但没有纸莎草纸文献记载这件事情，这件事情或许是王后和她的儿子蓬塔威尔所为。

神庙整体呈现古典风格，正面是一座高大的塔门，接着是两座由饰以纸莎草图案（盛开或含苞待放）的立柱和奥西里斯立柱装饰的庭院，庭院的墙壁上刻写着铭文和图案，描绘了法老在亚洲和努比亚地区进行的多场战役，还描绘了众多宗教仪式的情景。第一座庭院南侧的墙壁构成了王室宫殿的正面。这座被众多列柱遮掩的墙壁上凿有一扇窗，从不远处宫殿而来的法老则通过这扇窗参与到神庙庆典当中。这座宫殿重新面世后，其价值受到了人们的肯定：人们仍然可以观赏到王家审判庭，审判庭中有一个配有阶梯的王座底座，此外还配有法老的盥洗室。第二座庭院中，两尊呈坐姿形态的法老巨像曾经矗立在西侧的列柱廊之前，在那里可以通过一条扶梯登上古迹的中轴线。在这里人们可以欣赏到色彩依然鲜亮的柱子。神庙中最神圣的地方位于西侧后方，但已严重损毁。它曾经被用作采石场，但人们依然可以看到严格划分出来的区域：两座多柱厅周围是众多用来祭祀各种神的神殿，其中有普塔-索卡尔和奥西里斯。一座露天的神殿是用来举行与太阳有关的礼拜仪式的。神庙尽头的神殿存放着阿蒙-拉的圣舟。

前7世纪，神庙前建起了一座专供阿蒙的女性崇拜者使用的丧礼神殿。废除了异教仪式之后，科普特人在围墙之中建造起来一座重要的城市，城市中的教堂和居民点占据了曾经的圣地的位置。这座城市名为德耶梅（Djémê，科普特语“小镇”之意），且如原始的小型神庙一般，成为尼罗河左岸的经济中心，而当时的科普特修道士将底比斯墓葬群中的古老墓地选作居所。

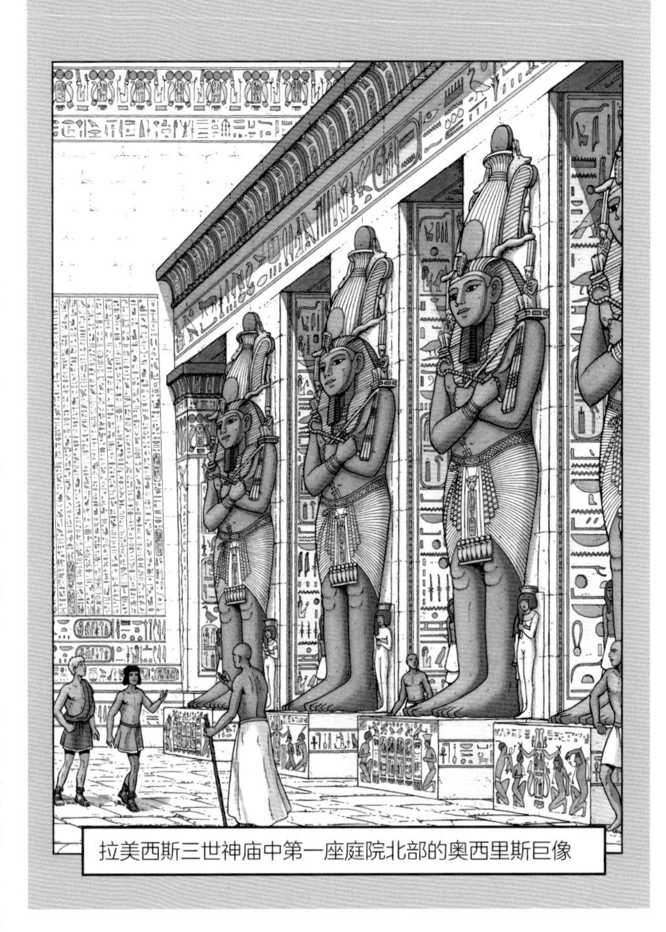

拉美西斯三世神庙中第一座庭院北部的奥西里斯巨像

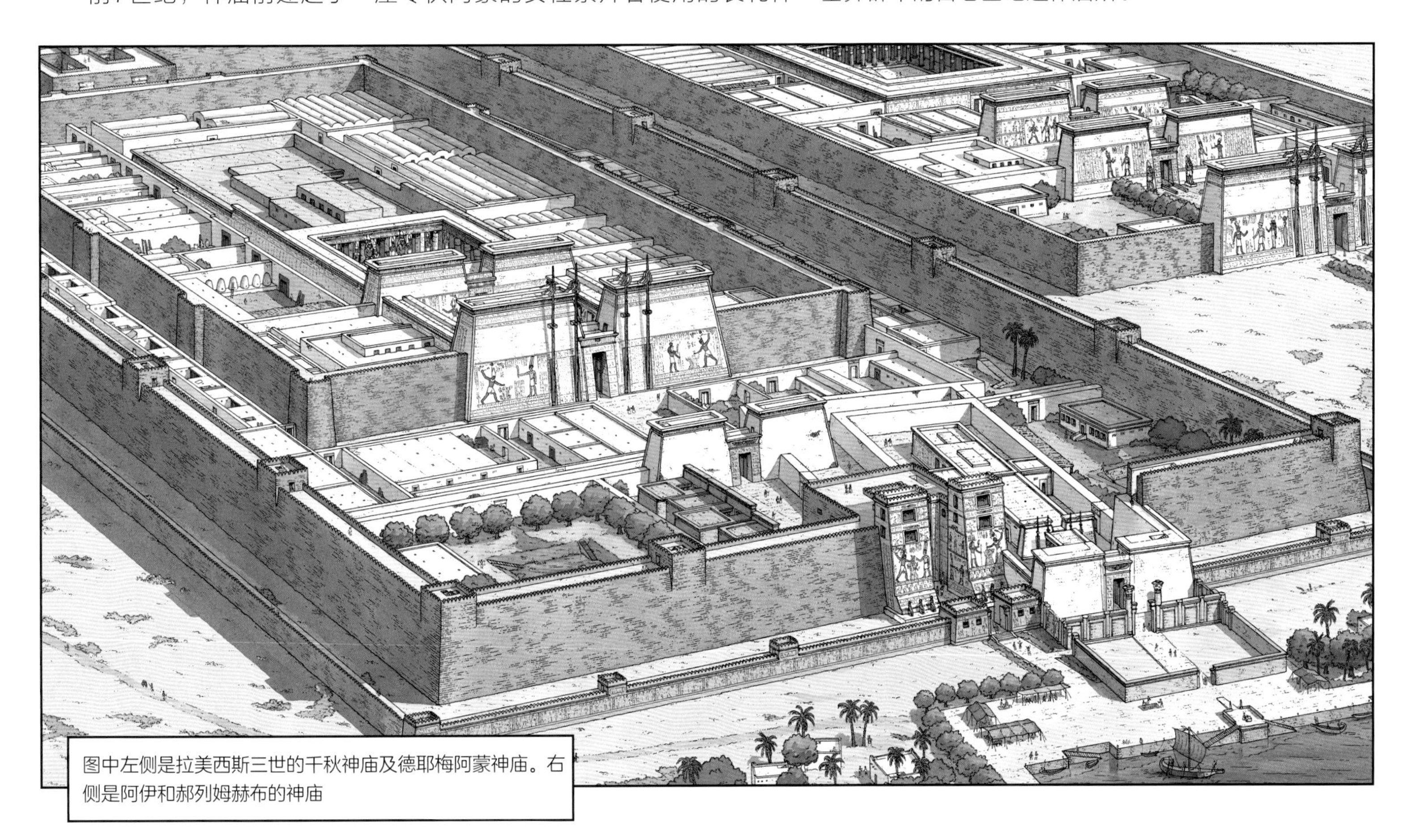

图中左侧是拉美西斯三世的千秋神庙及德耶梅阿蒙神庙。右侧是阿伊和郝列姆赫布的神庙

帝王谷

埃及有一座山谷，地处荒漠之中，这就是我们口中的“帝王谷”。帝王谷之所以成为举世闻名的古埃及遗址，是因为这里曾发掘出了一座近乎完好无损的墓葬，陵寝里遍藏珍宝。墓主人生前是一位小小的法老，此前几乎不为人知，他就是图坦卡蒙。在他的陵墓被发现之前，人们曾一度认为帝王谷中的陵墓已经全部被发掘了。而这座古墓的发掘也重新激发了人们的探索热情。

帝王谷全景

帝王谷这座位于底比斯西部利比亚高原的沙漠化山谷，自哈特舍普苏特统治开始，便被历代新王国时期的法老选作墓地。这一墓葬群直到420年之后的拉美西斯十一世的统治时期才被遗弃。盗墓的情况时有发生，在新王国时期末期盗墓变得非常普遍。前960年，即第三中间期初期，许多王室的木乃伊被集中起来，埋在了戴尔·埃尔-巴哈里的隐蔽地点。被损毁的帝王谷长期被人们所遗忘，墓穴陷入了沙中，只有少部分游人，比如波斯人、希腊人和罗马人，在此地留下了几条铭文。19世纪进行的第一次发掘工程更像是一次盗墓行为，而非考古活动。即使是20世纪的勘探者，比如已退休的美国律师西奥多·戴维斯，他在1902—1914年间在帝王谷发掘了30多个墓穴，但是发掘的方法毫无科学性可言。大量的珍贵资料就此损失，无法挽回。幸运的是，他在距离图坦卡蒙墓穴入口处200米的地方让工人停了下来。戴维斯在一口小井中发现了几个写着图坦卡蒙名字的小物件，他却认为帝王谷已经被彻底发掘了。

但这并不是英国埃及学家霍华德·卡特及其资助者卡纳翁勋爵的观点，卡纳翁勋爵于1915年获得了勘探帝王谷的特许权。他们自1907年开始勘探底比斯西部，特别是位于古尔纳的贵族墓穴和戴尔·埃尔-巴哈里地区，而他们的目标却是王室墓葬群和图坦卡蒙墓穴，这也正是卡纳翁被说服资助勘探的原因。第一次的挖掘工程从1915年延续至1921年，没有任何发现，由于开采花费甚高却一无所获，卡纳翁勋爵多次决定停止勘探。但卡特的顽强意志使卡纳翁勋爵同意最大限度地延长勘探期限。1922年11月4日，卡特发现了一座沿岩石而建的阶梯。在他之前没有任何人想到在此地勘探，而这里却留存着拉美西斯时代的工匠居住的房屋遗迹。很快，人们便发现了一座阶梯及一座被封印住的大门。然而卡特却需要等待三周，直到卡纳翁勋爵来到卢克索后才能打开这扇门，当他们进入门后的走廊，又发现了另一扇大门，最终进入到了图坦卡蒙的墓穴当中，盗墓的痕迹非常明显。这座墓穴实际上早在古代就已被人劫掠了。然而盗墓人由于时间短暂，只从中带走了几件物品而已。墓穴很快便又被封印了，墓穴中的宝藏可以说几乎是完好的。装饰精美的木制圣柜依然处于封印当中，而法老的遗体也静放在深处的三口棺椁之中，其中最小的那口棺椁是以纯金打造而成的。但距离图坦卡蒙的黄金面具出土还有几年，因为霍华德·卡特是个非常小心翼翼且追求完美的人。他预留出了足够的时间以进行符合考古规范的发掘工程，他对墓穴中出土的所有物品及日常生活小物件上的黄金饰物进行拍摄、绘制、记录及修复。

得益于真正意义上的科学勘探工程而获得的成果应该全部归功于卡特，由于他的贡献，我们如今才可以在开罗的埃及博物馆中欣赏到这些珍宝，并从埃及文明极其珍贵的知识中汲取营养。这是埃及所有历史时期中最为重要的考古发现，但遗憾的是本书没有篇幅详述了。然而我们希望书中提及的线索可以

激发读者继续深入了解该主题的兴趣，去探寻传说中的珍宝和埃赫那吞之子图坦卡蒙短暂却传奇的一生。图坦卡蒙19岁就去世了，而且没有留下任何子嗣。最新的研究成果显示，他是感染疟疾而死的，他的离世也给第十八王朝画上了句号。

法老最著名的诅咒，即所谓使勘探队成员遭遇不幸的诅咒，只不过是记者们在1923年4月5日卡纳翁勋爵死后杜撰出来的罢了。卡纳翁勋爵身体羸弱，他先是被剃刀割伤，而后又被蚊子叮咬，死于连续的感染。其间没有任何超自然的事件发生，但这一事件却引发了报刊的大量关注，并且激发起了人们的幻想。而卡特直至1939年才去世。

当然，帝王谷不能简单地概括为图坦卡蒙的领地，更多关于帝王谷概况、建筑风格及其中各座墓穴的详情将会在另一册书《埃及之卡纳克、卢克索和帝王谷》中详细阐述。尽管自1922年至1995年帝王谷没有再发掘出其他的王陵，但这片神奇的土地上依然有未解之谜等待人们探索。值得注意的是，肯特·威克斯自1995年开始不断进行勘探，发掘了拉美西斯二世子孙们的墓穴。这座大型墓穴由120座房间组成，但墓室却由于雨水冲刷而被凝固的石灰所掩埋了，勘探工作变得异常困难。美国和瑞士科考队于2006年和2011年相继发现了新的墓穴，其中帝王谷第63号墓穴靠近图坦卡蒙的墓穴，可能是属于图坦卡蒙母亲基亚的，而KV64号墓穴中放置着第二十二王朝时期卡纳克阿蒙神庙中女歌者的石棺。帝王谷今后可能还会为我们带来更多的惊喜。

从河右岸望去的底比斯山和尼罗河，如今被称为卢克索城的底比斯便建于此地

前1323年于帝王谷举行的图坦卡蒙葬礼。新一任法老阿伊进行了开口仪式

戴尔·埃尔–巴哈里

戴尔·埃尔–巴哈里的岩石圆谷是一处蔚为壮观的自然景观，也彰显了古代建筑的丰富内涵，如今游客们依然可以欣赏到它的风采。哈特舍普苏特神庙可谓是建筑中的瑰宝，其平台恰与底比斯山的高大悬崖形成完美的垂直关系。

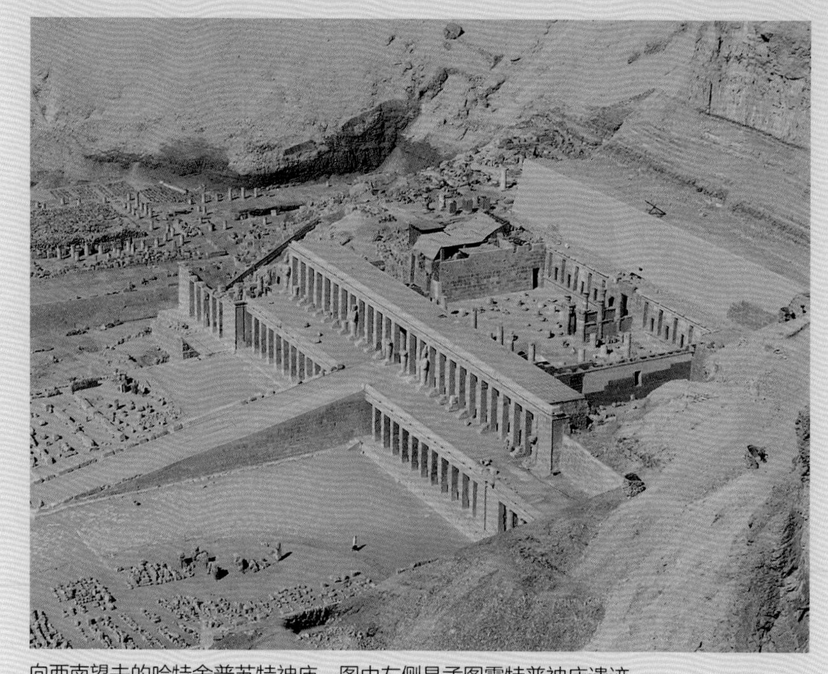
向西南望去的哈特舍普苏特神庙。图中左侧是孟图霍特普神庙遗迹

女王哈特舍普苏特与建筑师森穆特建造了这座供奉阿蒙的神庙，而这座神庙的中轴线几乎与尼罗河另一岸的卡纳克神庙的中轴线重合。这座葬祭庙在古埃及语中被称为“Djéser Djéserou”，意为“至圣所”，是美丽的河谷节日期间阿蒙圣舟的主要停靠地之一。女王的墓穴倚靠帝王谷悬崖的另一侧而建，这是第一次出现墓穴与葬祭庙分开而建的情况，而这座墓穴同时也是女王的纪念堂。

在这位著名的女王登基以前，这里曾建有一座供奉哈索尔的神殿，更重要的是，这里还有一座中王国时期的建筑，即孟图霍特普二世的葬祭庙。这座建筑独树一帜：前院通向三面由柱廊围成的方形神庙，向上行进便会看到一种名为马斯塔巴的方形石墓，而这种石墓有时会被认为是金字塔的一种样式。在马斯塔巴石墓和峭壁之间是一座列柱庭院，经过这里可以到达王陵，之后是一座通向阿蒙神殿的多柱厅。1900年，卡特无意中发现了这里，当他骑马进入到前院后，在马斯塔巴石墓下发现了一条长约150米的地下走廊，这条走廊通向一个放置有法老精致雕像的房间，这尊雕像如今保存在开罗。

孟图霍特普二世结束了古王国时期后第一中间期长达140年之久的国家动乱与分崩离析。这位底比斯的王子使埃及重新统一，并且开创了中王国时期，其在位的50年间，国家迎来了稳定与繁荣，底比斯也成为国家的首都。约500年后，即前1492年左右，新王国时期第三位法老图特摩斯一世逝世，他的儿子图特摩斯二世继承王位，并与同父异母的妹妹及妻子哈特舍普苏特共同统治了13年之久。他逝世后的法定继承人本是图特摩斯三世，但由于图特摩斯三世是姬妾伊西斯所生，而且还只是个孩子，因此哈特舍普苏特成为摄政王。她于执政的第7年自封为法老，并与其女婿共同统治了15年左右。那时，王位上便坐着两个人。哈特舍普苏特受到了众多高阶大臣的帮助，并在建筑师兼阿蒙圣域专家森穆特的协助下，建造了著名的神庙，此外不少人认为森穆特是女王的情人。森穆特无疑是距离王位

由哈特舍普苏特神庙望去的底比斯城上空升起的太阳

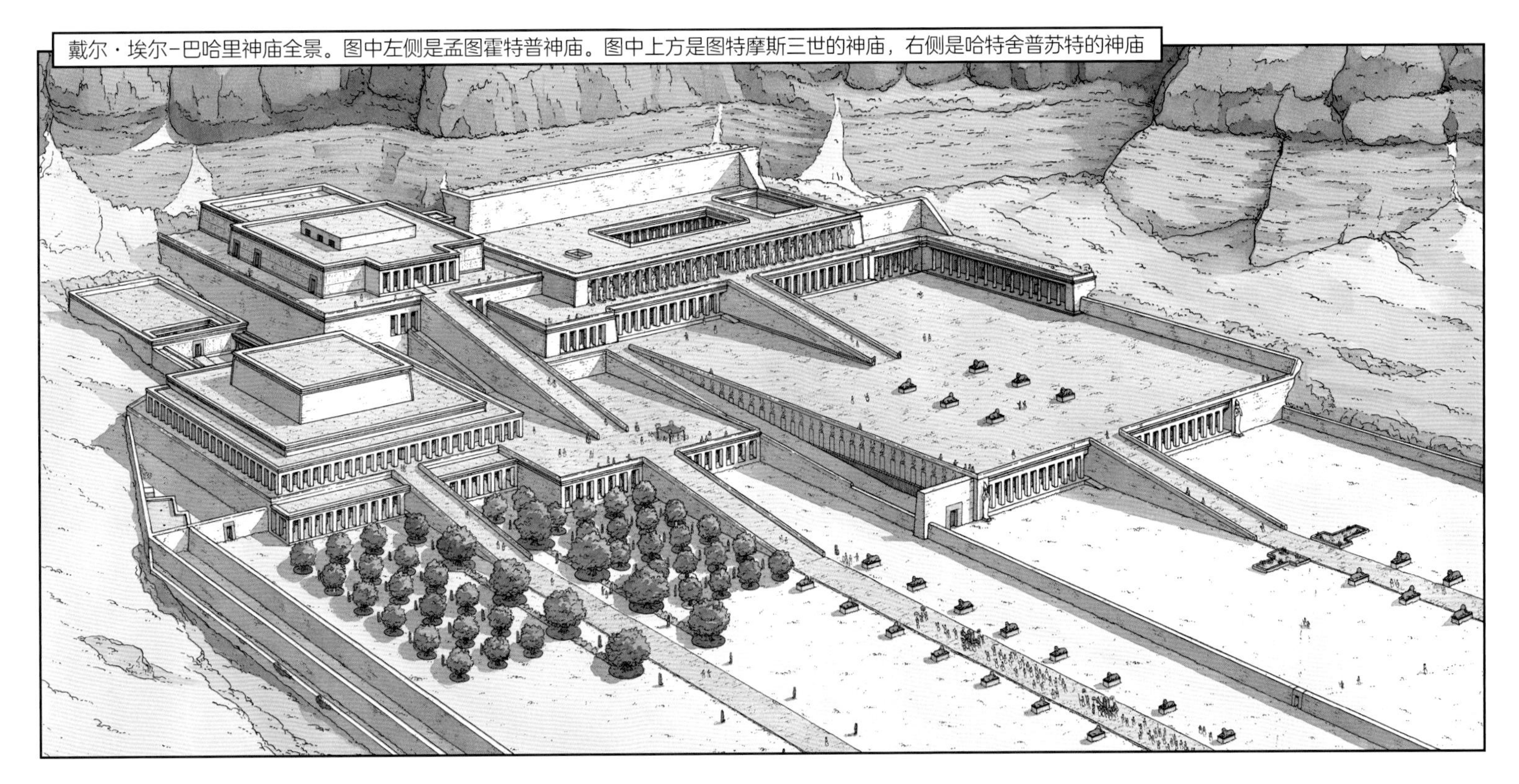

戴尔·埃尔-巴哈里神庙全景。图中左侧是孟图霍特普神庙。图中上方是图特摩斯三世的神庙，右侧是哈特舍普苏特的神庙

从哈特舍普苏特神庙望去的孟图霍特普神庙

最近的权贵，并且他以两座神庙而闻名：一座位于古尔纳高地，而另一座位于戴尔·埃尔-巴哈里神庙前的采石场中。

这座令人惊叹的哈特舍普苏特神庙在埃及历史上独一无二。虽然它沿用了埃及神庙的经典结构庭院、柱廊、神殿和圣所，但其正面的平台和立柱却与众不同。一条两侧立有围墙的斯芬克司大道，长400米，宽70米，通向神庙的尽头，但神庙遇到了耕田的边界便停止了动工。一座种植着树木的庭院后是第一道阶梯，阶梯通向中央平台。第一座柱廊上的图案由南向北讲述了在卡纳克神庙中建立两座阿斯旺花岗岩方尖碑的过程，而女王也曾计划装饰这两座方尖碑。第二座柱廊上的图案亦由南向北讲述了前往蓬特国的海上冒险之旅，蓬特国位于非洲海岸，在苏丹和如今的埃塞俄比亚边界处。此地汇聚了大量财富，其中包括了热带动物和种植在卡纳克及戴尔·埃尔-巴哈里的没药树。而墙上的浮雕也非常有趣，上面刻画着动物、植物和蓬特国的居民，其中也包括了胖女王伊提（Ity）。北侧的浮雕描绘的均是哈特舍普苏特母亲的受孕与她的降生，以此彰显了阿蒙的重要性，因为是阿蒙以图特摩斯一世的面貌孕育了未来的女王。这些浮雕旨在使哈特舍普苏特的即位合理化。也正因为如此，她想要将父亲的遗体埋葬在她于帝王谷开凿的墓穴之中。

用以供奉哈索尔和阿努比斯的几座神殿围绕神庙主体而建。高一层的平台由柱廊装点，柱廊中矗立着女王的奥西里斯巨像，柱廊后方是一座以凹槽装饰的立柱围成的大型庭院，再接着倚靠岩石而建用于存放阿蒙圣舟的圣所。南北两侧分别有专供法老仪式使用的大厅以及太阳庭院，这些建筑共同构成了一个整体。7世纪科普特人统治时期，弗埃巴农（Phoibamon）在高一层平台之上建立了一座天主教修道院，而弗埃巴农正是将这片地区命名为“戴尔·埃尔-巴哈里”的人，这个名字便是“北方修道院”的含义。20世纪初的第一批考古学家发现了这座修道院的遗迹，但却将其破坏了，高一级的平台几年后经过精细修缮终于向公众开放了。

哈特舍普苏特去世后，图特摩斯三世即位，他是埃及历史上极为骁勇善战的军事家之一，被称作“古埃及的拿破仑”。他将哈特舍普苏特视为篡位者，因而败坏她的名声。遗迹上刻写的哈特舍普苏特的名字被抹去，她的雕像也被打碎埋入土中。他甚至用高墙遮住了卡纳克用以纪念哈特舍普苏特的方尖碑。但图特摩斯三世作为“破坏者”的同时也是一位缔造者，尤其是在卡纳克地区。他命人在戴尔·埃尔-巴哈里的哈特舍普苏特神庙和孟图霍特普神庙间的山丘上建造了自己的神庙，这座神庙正修建于斜坡的最高处。这座被埋藏在修道院断壁残垣之下的神庙直至1960年才被人发现。色彩艳丽的精美浮雕和以奶牛形象示人的女神哈索尔雕像收藏于开罗和卢克索的博物馆当中，但这片地区损毁严重，不再对公众开放了。戴尔·埃尔-巴哈里直至托勒密时期一直充满活力，当时的朝圣者们来到此地的疗养院中，向阿蒙霍特普祈求痊愈，而阿蒙霍特普则是当时神化的法老阿蒙诺菲斯三世手下著名的书吏兼建筑师哈普（Hapou）的儿子。

登德拉

登德拉的哈索尔神庙是希腊罗马时期规模较大的神庙之一，且保存完好。这座神庙基本上是在埃及成为罗马帝国行省后建造和装饰起来的，它是目前尚存的、在结构和装饰方面都极为完善的遗迹之一。这座神庙的内壁就像一本精美绝伦的书籍，记载着古埃及的仪式与传统，有力地见证着古埃及的千年文明。

门廊处的哈索尔式立柱。神像面部已被科普特人损毁

登德拉位于尼罗河左岸，南部距离卢克索75千米，北部距离开罗590千米。这片用于供奉女神哈索尔的地区历史悠久，出土于此的遗迹可追溯至古王国时期及新王国时期。

人们对于女神哈索尔的崇拜实际上可以追溯至远古时期。哈索尔不仅是神圣的天女、拉的女儿、荷鲁斯的妻子，她还与伊西斯密切相关，因为伊西斯的神庙就矗立于登德拉的围墙之中。多数情况下以奶牛或者美丽少女形象出现的哈索尔，代表着美丽、音乐与欢乐，她与希腊罗马人所崇拜的阿佛罗狄忒极为相似。她时常手持叉铃，由于叉铃这种乐器常用于庆典伴奏，因此这座神庙还有一个别名叫“叉铃之屋”。登德拉其他的神则以隼的形象出现，而当地为这些神举行的活动也不胜枚举。哈索尔的神像经尼罗河被运送至埃德富与其丈夫荷鲁斯行礼（参见第20—第21页）。女神的雕像摆满了神庙各处，无论是在圣舟里，在至圣所内，还是在地下室中，她的雕像都有两米多高（相当于4腕尺），且均为黄金打造，而用于建造女神雕像所用的材料又被称为“圣石”。

不能进入神庙的人们可以在神庙的后墙上和一座木制的小型神殿内看到女神美丽的巨像浮雕，雕琢精美的哈索尔面前摆放着祭品，并聆听着信徒的祷告（参见第37页插图）。

此处最为古老的遗迹是奈克塔尼布的玛米西。虽然第一批托勒密家族成员已经在此建造了几座神殿，但这座玛米西的建造工程却于前54年7月16日才开始，正值托勒密十二世奥莱特（Aulète）执政时期，并于34年后的奥古斯都统治时期结束。内壁的装饰工作直至罗马时

哈索尔神庙正面。门廊宽43米，高17.2米，呈典型的埃及历史后期的风格——由栏墙及列柱组成建筑正面

新年庆典情景，哈索尔女神的神像每逢庆典便会被运送到神庙屋顶上的凉亭中，受太阳神拉的光辉照耀。图中左侧是伊西斯神庙

神庙的背面，游客们可以在此献上祭品，并一睹哈索尔女神的面容

期才得以完成。历代罗马皇帝均命人将自己的样貌雕刻在墙壁上。围墙北侧是另一座罗马式的玛米西。罗马距离此地遥远，登德拉的祭司们经常将边饰制作为白色，以便在浮雕建成后在边饰上写下“法老”的名字，尽管一些浮雕始终没有完工。第一批天主教徒在此地建造了一座科普特大教堂，尽管这座教堂并没有受到哈索尔的妨碍，但他们认为女神哈索尔是罪恶和魅惑的象征，因此无法忍受其存在，于是哈索尔的形象在此地非常罕见，但仅存的哈索尔神像也没有因为天主教徒与埃及传统宗教悖逆而被刻意损毁。

哈索尔神庙呈典型的埃及建筑风格，与埃德富神庙类似，结构严密且完整。神庙外始终没有完工的石墙，之后又被用来修建天主教大教堂了。

这座神庙最著名的部分是门廊，也可以称为“多柱厅”。此前没有人探索过此地，这里矗立着18根哈索尔式立柱，立柱支撑着用天文图案装饰的天花板，而前不久才被修复过的天花板色彩十分艳丽。门廊比神庙的主体部分大得多，其后是一座多柱厅，还有几间沿圣所而建、用于放置哈索尔圣舟祭坛的房间。神庙地下室厚实的墙壁中保存了许多圣物及神像，并且也是汇聚神圣之力的地方。神庙每间房屋的墙壁上都刻有浮雕，用以说明这间房屋在礼拜仪式中所发挥的功能及其使用规则。每间房屋的作用相互叠加，形成一股合力。这些浮雕聚集起来宛如一本石制书籍，详尽讲述了古埃及人所掌握的知识和所信仰的神灵。这些数目众多且厚重的浮雕与中王国时期或新王国时期的宗教正典截然不同，而且从来没有建筑能够如此坚固，以至于人们今天还可以登上通向屋顶及奥西里斯神殿的扶梯。这座建筑和其中的圣物保存极为完好，正如从前的建造者们所盼望的那样。神庙的每一块区域都分工明确，例如新年庆典期间，人们要在新年庭院中膜拜女神神像，随后在屋顶和凉亭中举行仪式，将创始者拉的圣光聚集起来，使神像在阳光下重获生机。

屋顶上建有供奉奥西里斯的建筑群，其中的黄道十二宫彩色壁画如今保存在卢浮宫之中。这里值得讲述的东西着实很多，需要强调的是，登德拉对于埃及宗教和埃及后期历史有着极其重要的意义，它为我们提供了认识埃及的多种视角，确实值得人们深度游览一番，但遗憾的是，旅行社很少为旅客提供参观上埃及的观光路线。

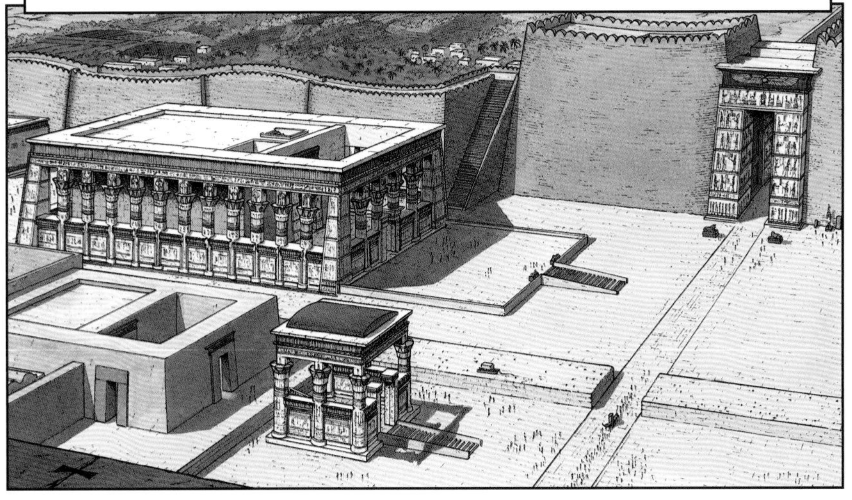
玛米西，即法老神圣的诞生之屋。不久以后，两座建筑之间建起了一座科普特大教堂。图中右侧是圣域入口和砖制塔门

阿拜多斯

阿拜多斯城是一处古埃及人的朝圣圣地，那里有奥西里斯神的墓穴，在建造金字塔以前，早期的法老们便在此建造墓穴。如今人们可以观赏到的神庙建成时间较晚，均始建于新王国时期塞提一世统治时，并且在其子拉美西斯二世统治的时代完工。这座神庙保存完好，其内部的浮雕算得上是埃及非常美丽的浮雕之一，其中一部分浮雕依然保持着鲜艳的色彩。

以奥西里斯装扮示人的塞提一世。他手握两支法老权杖，头戴阿泰夫王冠，身穿白色衣袍

阿拜多斯坐落于上埃及，距离卢克索北部170千米，距离开罗南部560千米。这里是提斯的大型墓葬群，而提斯则是提斯王朝时期的首都。法老制度亦是于这一时期产生的。

在埃及历史上最初有王朝的时期，阿拜多斯的王陵倚靠乌姆·卡伯的荒凉河谷而建。这些墓穴的构造十分简单，其表面由木制大梁架构，墙壁则是用日晒砖和石块建造的，但这正是法老的墓穴。这类墓穴之后便被小丘或者马斯塔巴石墓所取代了。人们在耕地的边界发现了大量由日晒砖建造的围墙。这些围墙属于大型墓葬建筑群，与远处的地下墓穴共同构成一个整体。这些建筑的建造方式各不相同，但只有最晚建造的哈塞海姆威墓穴（第二王朝时期，约前2710年）屹立至今。

当地的神祇亨提孟塔乌，意为“统治西方之人”（死者），是如同阿努比斯一样呈犬形象的神祇。他自中王国时期开始取代了奥西里斯的地位。由于此地埋葬着奥西里斯的头颅，因此这片地区在所有人心中都是神圣的。众多古代文献中记载的奥西里斯传说已经广为流传，而且普鲁塔克也讲述过这一传说，即大地之神盖伯和天空之神努特结合诞生的神子奥西里斯继承了大地的力量，但却被其弟塞特杀害并肢解，其遗体散落在了全国各地。其中一部分被冲到了腓尼基的拜布罗斯，而其生殖器则被鱼类吞食了。最终，奥西里斯的尸块重新聚合在一起才得以重生。他的妻子为了使丈夫能够重获新生，使用法术化作了雌鸟。正是由于这一渊源，荷鲁斯统治着现世，而奥西里斯掌管着彼世。许多信徒希望能够在死后埋葬于奥西里斯重获新生的位置附近，或者在四周建立起一座类似于神殿的、配备有供品桌和石碑的建筑。

新王国时期早期，驱逐了叛乱者喜克索斯人的阿摩西斯，在阿拜多斯建立了最后一座著名的法老金字塔。但这不是一座墓穴，而是一座衣冠冢。虽然塞提一世的遗体被埋葬在了底比斯的帝王谷中，但是他依然命人在阿拜多斯建立了一座供奉奥西里斯及其他六位神的大型神庙，其中也包括了神化的自己。根据阿拜多斯城中很多居民的看法，这座神庙主要是法老用来还愿的。拉美西斯二世建造完成父亲的神庙后，又在不远处建造了自己的神庙。新王国时期末期，阿拜多斯的吸引力逐渐下降，尽管舍易斯时代又掀起了一股风潮，但这座城市最后还是沦落为一座无关紧要的小镇了。

第二座庭院的西侧柱廊，即如今神庙的正面

新王国时期的开创者阿摩西斯（前1550—前1525年）的金字塔建筑群。它是最后一座埃及法老金字塔，直至21世纪初才被后人发掘。远处是泰蒂舍丽王后的遗迹和悬崖脚下的平台

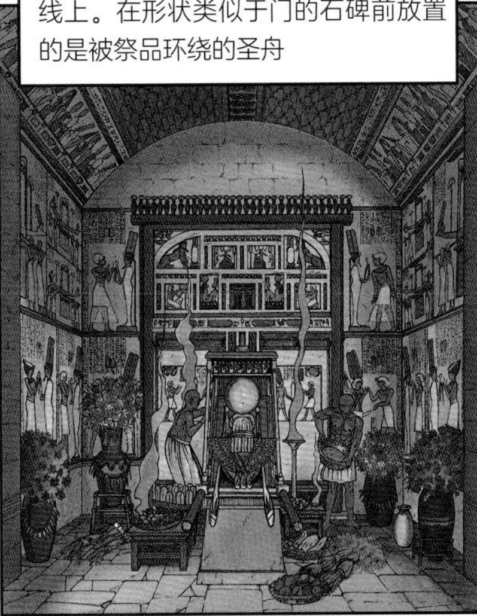

7间圣所中的其中1间——亦可称之为至圣所——位于塞提圣所的尽头。此处的阿蒙-拉神像坐落于神庙的中轴线上。在形状类似于门的石碑前放置的是被祭品环绕的圣舟

奥西里斯神庙剖面图，奥西里斯的墓穴位于地下四周被水环绕的小岛之上。建筑群上的小丘种植有刺槐

塞提一世的神庙建在斜坡之上。这座建筑的设计风格呈古典样式，但它却建有7间圣所，而不仅仅是1间。由砂岩建造而成的塔门如今已经损毁，在这扇大门后是一座大型庭院，其中坐落着用于净体的浴池。由正方形柱子组成的柱廊以拉美西斯二世子嗣的仪仗队伍图案作为装饰，通过这座柱廊便是第二座庭院。如今人们依然能够看到由列柱组成的神庙正面。那里有7扇门，门后是两间多柱大厅，分别通向7间拱形圣所。7座圣所由南至北分别供奉着神化的塞提一世、普塔、拉-哈拉凯悌、阿蒙-拉、奥西

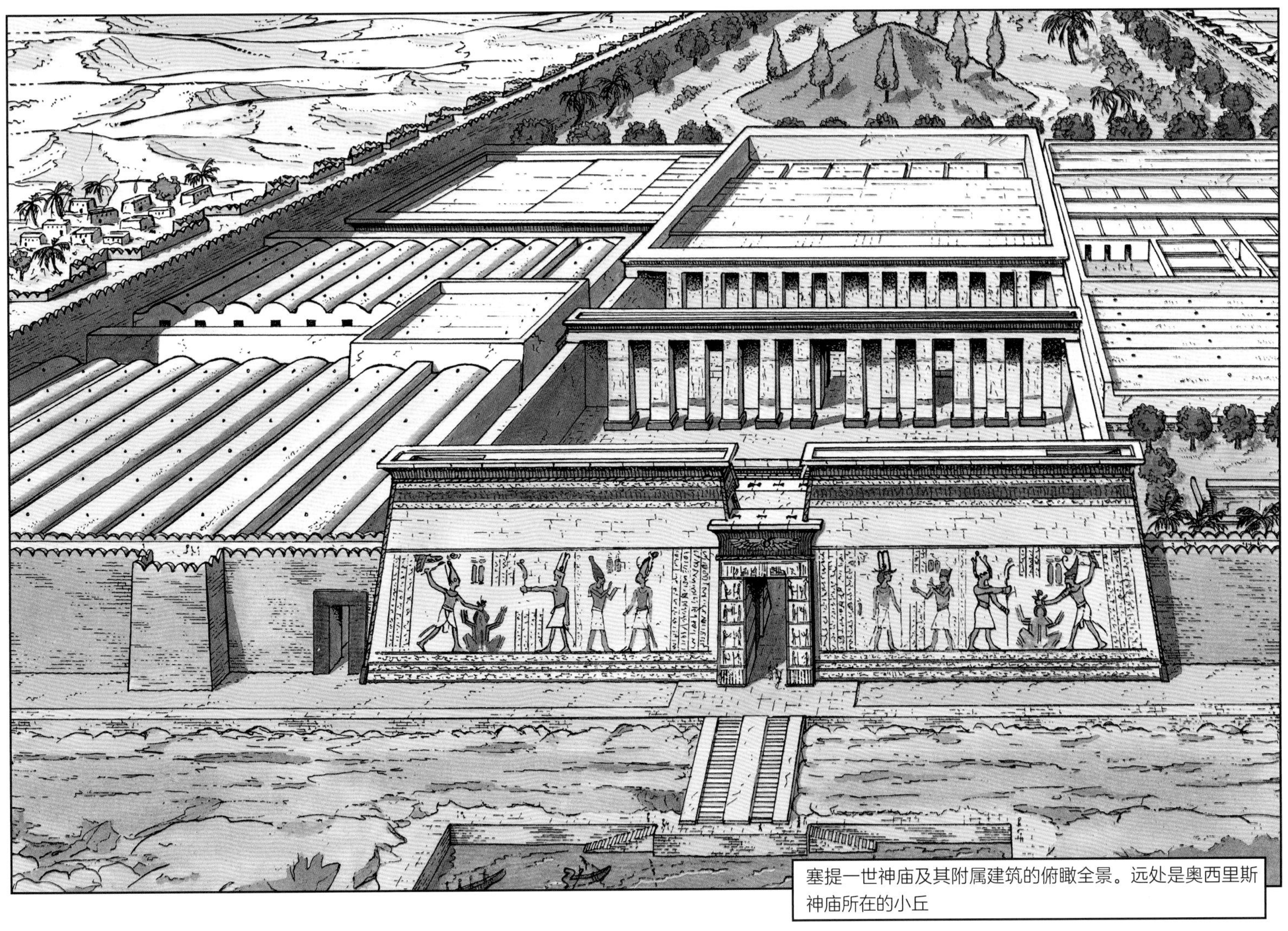

塞提一世神庙及其附属建筑的俯瞰全景。远处是奥西里斯神庙所在的小丘

乌姆·卡伯，哲尔法老（第一王朝）的陵寝，中王朝时期并入了奥西里斯墓

迈尔奈特王后之墓（约前2900年，第一王朝），马斯塔巴墓高高隆起，周围由陪葬墓环绕

里斯、伊西斯以及荷鲁斯。奥西里斯神殿的尽头通常会有一条道路通往与死亡之神有关的复合式厅堂。

神庙精细的石灰岩墙壁上刻画的浮雕堪称是埃及境内最美的。由于这座神庙被沙土掩埋起来，因此浮雕的色彩得以保存几个世纪，而且后人也对其提供了保护措施，重新修建了神庙的天花板。塞提一世的儿子兼继承人拉美西斯二世下令封锁所有侧门，只留下两扇门敞开，并且他还完成了神庙的装饰工程，尤其是装饰了第一个多柱厅。

侧翼是一些与崇拜仪式相关的房间、放置圣舟的厅堂、仓库和宰杀祭品的屠宰场。塞提一世的名字被雕刻在了长廊中著名的王名表之上，其中有哈特舍普

迎送奥西里斯神的队伍。塞特神的崇拜者曾在一次宗教仪式中袭击这些祭司

苏特、埃赫那吞以及法老谱系中受到诅咒的人物。

建筑后面是于1903年发现的罕见的奥西里斯神庙建筑群。这座地下神庙位于种植有树木的小丘之下。毫无疑问，它是奥西里斯墓穴的标志。经过一条通往地下的长过道，便可以从围墙外抵达神庙内部。其主厅好似一座由运河包围且无法靠近的小岛。天花板如今已不复存在，而支撑天花板的沉重花岗岩立柱还屹立于此。湖中岛上凿有一个洞穴，其中陈列着石棺及存放尸体内脏的白色瓦罐，这些物件大概都代表着奥西里斯。

阿拜多斯庆祝一种名为“奥西里斯秘仪”的节日。节日庆典期间，仪仗队伍将奥西里斯的神像从塞提一世神庙北部的奥西里斯神庙搬运到山脚下的提斯墓葬群，人们的脸上都洋溢着笑容。其中一位法老哲尔的墓穴也被当作了奥西里斯的墓穴。在队伍行进期间，人们回忆奥西里斯生活的各个阶段，并激动地驱逐开奥西里斯的敌人，即塞特的帮凶，以便神像可以抵达圣船内什迈特（Néchémet）之中。这项民间庆典取代了真正的“戏剧性”演出，庆典最终以将圣舟送回神庙、将神像放回原处结束。

拉美西斯二世的神庙。这座神庙祭奠着拉美西斯二世已经奥西里斯化的父亲塞提一世、拉美西斯二世本人以及拥有统治地位的荷鲁斯。这座神庙如今损毁严重，只剩下了墙体的底部

图中左侧是第一王朝时期被埋藏并保存于船形砖砌石基中的圣舟。圣舟均为长约25米的真实木制小船。20世纪90年代，这些圣舟被人们发掘出来。图中右侧是哈塞海姆威（第二王朝时期，约前2710年）墓地的围墙。虽然墙体是使用日晒砖建造的，但这座建筑却矗立了4700余年

戴尔·埃尔-阿马尔纳

埃赫那吞所建立的首都虽然昙花一现，但在埃及历史上却十分独特。这是一座仅在一人号召下在沙漠中建立起来的城市，用了几年时间便得以完工，这座城市见证了著名的太阳神阿吞的崇拜者埃赫那吞富于改革意义的传奇经历。埃赫那吞是一位与众不同的法老，一些考古学家和历史学家认为他是“异教者”，因为埃赫那吞与底比斯那些拥有强权的阿蒙祭司对抗，迁移了王宫，在埃赫塔吞（戴尔·埃尔–阿马尔纳）建立起了新的国都。但这座城市并没有因为其建造者的逝世而幸免于难，它被后人毁坏并从埃及历史中抹去。

雕刻在岩石中的埃赫塔吞界碑中的一座。法老、王后奈菲尔提提及他们的两个儿子膜拜着太阳神阿吞

父亲阿蒙诺菲斯三世去世后，一位年轻的君主继承了王位，此时的国家繁荣且强大。阿蒙诺菲斯四世（埃赫那吞）成年后，与母亲提伊共同统治着以底比斯为边界的地区。但卡纳克的阿蒙–拉祭司极其富有且拥有强权，以至于他们在埃及境内又建立了国中国。这位年轻的法老早已有了秘密的部署，他决定使全国人民信奉统一的宗教，即信仰太阳神阿吞（阿吞是太阳神拉的另一种形态），这也正是他的历代先祖们所强调的。他在卡纳克神庙后建立起了第一座阿吞神庙。而后法老很快又下令建立一座用以供奉阿吞的新城市，这座城市便是埃赫塔吞，即太阳照射之地。他选择在尼罗河右岸的孟菲斯与底比斯之间一片未开发过的荒漠化圆谷之上建立这座城市。法老将此地命名为埃赫塔吞，并将王宫迁移到这座新城市，还命人将所有建筑物中的阿蒙名字和形象统统抹去，但底比斯之外的地区依然保留着原有的行政架构和崇拜其他神的权利。

王室成员在东部名叫胡特·本本（Hout Benben）的神庙中观赏日出

因此这一过程当中并不存在反抗或者压迫，确切而言，有的仅是一批对于法老所采取的新宗教政策持冷漠态度的人。艺术形式此时也发生了改变，一些人想要看到埃赫那吞生病的样子，法老变长、变膨胀、被夸张化的样子顺应了大众的心意，并且成为这一时期艺术的标志。而抛除艺术加工外，法老实际上长得并不畸形。人们也会用新的人体比例诠释他的妻子奈菲尔提提，例如在柏林展出的奈菲尔提提上半身雕像，但雕像展现出的是一种更为“常规化”的形态。宗教的改革也带来了艺术上的变革。

如今被称为戴尔·埃尔–阿马尔纳的埃赫塔吞城建筑风格与众不同，这座城沿南北向的王室要道而建。宫殿、神庙、住宅和其他所有建筑均是使用日晒砖和一种名为“塔拉塔特（talatates）”的小石块匆忙建造起来的，而塔拉塔特这种小石块每块的重量都很轻，一个人就可以搬运。城市在几年间繁荣了起来，鼎盛时期拥有五万名居民。城市中心是法老的起居宫殿和私人宫殿，私人宫殿前是一座连接王室大道和阿吞神庙的桥。这座庞大建筑群的四周和南部是一片郊区，建有兵营、手工作坊、大型住宅及许多简陋的房舍。

阿吞神庙的围墙沿王室大道的一侧向北延伸，逐渐抬高。同一中轴线上还建有另两座神庙，然而它们并没有屋顶，以便最大限度使神圣的阳光照射进来，这种设计与其他传统建筑恰好相反，因为传统神庙将神隐蔽在幽暗的圣所中。庭院中每隔一段距离就出现一座不加过梁的塔门，而神庙中则放置着由石块和砖块搭建而成的桌子，供人们将献给阿吞的祭品摆放在上面。第二座圣庙的规模相对较小，坐落于太阳升起的方向，是专供法老、祭司、歌者、乐手在日常礼拜时供奉拉和阿吞使用的。法老作为神在人间的化身，本身就已被奉若神明，而且身边常伴家人，他是唯一能够保证礼拜仪式顺利进行的人，因此埃赫那吞决不会离开首都。

建筑群北侧的另一片郊区中坐落着其他神庙，其中一座是用来供奉王后奈菲尔提提的，她非常关心夜晚的礼拜仪式，因为夜晚是危险、死亡的同义词。另一座被称为北方宫殿的王室宫殿也坐落于此。王公贵族的墓穴开凿于戴尔·埃尔-阿马尔纳圆谷的峭壁之上，而法老的墓穴则开凿在了狭窄荒凉的河谷尽头。埃赫那吞和几位皇室成员的遗体在被移往底比斯前一直被埋葬在这里。奥西里斯的传统和使用防腐香料保存遗体的方法有一部分保留了下来，但是人们对于奥西里斯所掌管的彼世的信仰却消失了。

埃赫那吞去世后，他的儿子图坦卡吞回到了底比斯。图坦卡吞重新确立了崇拜阿蒙的宗教信仰，那些关于叛乱分子和亵渎宗教者的记录也被他从官方文件上抹除了。这位年轻的法老有一个更加广为人知的名字——图坦卡蒙，他在恢复了阿蒙宗教的正统性后，便开始使用这个名字。拉美西斯时代的人们拆除了仅存的埃赫塔吞城废墟，并重新使用这些建筑材料搭建新的建筑。这片地区此后便被遗弃，直至19世纪才被人发现。保留下来的地基向我们详细地展现了这里曾经的城市化进程及历史经过，而这一发现还要归功于著名的“阿玛尔纳书信”，这种楔形文字书信是埃及法老与亚洲邻国重要的外交沟通媒介。

向东望去的阿吞神庙及其两座露天神殿。插图中央是用于宰杀献祭牲畜的屠宰场，图中左侧是用于存放外国贡品的建筑

由埃赫塔吞中央向东南方望去的景色。图中左上方是阿吞的神庙，左侧是王室私人宫殿。私人宫殿与右侧的法老寝殿通过一座桥梁相接，这座桥正好与横跨了整个城市的南北向王室大道相交。这座大型宫殿可谓是由各类厅堂、列柱庭院、仓库等组成的迷宫。尼罗河畔的一座码头直通这里

萨卡拉

萨卡拉是埃及古王国时期首都孟菲斯墓葬群的一部分。这片埋葬死者的地区从阿布·罗奇绵延50余千米直至美杜姆，其中建造了十余座金字塔及上千座墓穴，除了吉萨金字塔以外，最为著名的金字塔一定要数由伊姆霍特普建造的左塞王的金字塔了。这座墓葬建筑群是由让-菲利普·劳尔挖掘的，他使萨卡拉被人遗忘的荣耀重新展现在世人面前。

围墙的唯一入口，而整栋建筑是由此地的古老岩石重新建造的

埃及第一座首都是上埃及的提斯。上埃及与下埃及是南方的法老那尔迈、阿哈统一的，但是埃及文明是在左塞王统治时期，即前2668年的第三王朝时期于孟菲斯才达到了稳定与强盛。为了使人们铭记建立中央集权国家的历史，法老决定大幅度扩大墓穴的规模。这座墓穴拥有前所未有的规模，而且是第一座完全由切割的石块建造的——直到那时，建筑物主要还是由日晒砖、木头和芦苇搭建的。在左塞王身边有一个在改革当中发挥了关键作用的人物，那便是书吏兼建筑师伊姆霍特普。他的名字被永远铭记在了埃及的历史中，而他还在下埃及被人们奉为神化的医者。

左塞在墓穴的第一间神庙中建造了正方形的马斯塔巴石墓，这一建造灵感来源于过去的传统墓穴，但外面却加盖了周长1.5千米、高10.5米的石制围墙。这座令人惊叹的围墙从荒凉的峭壁一直延伸至发展迅速的孟菲斯城，然而这座墓穴是从远处用肉眼看不到的。马斯塔巴石墓在两次扩建后被一座高42米的四阶金字塔所取代，之后又加盖了两阶，总高62米。第一座金字塔就此诞生了，它作为阶梯而存在，以便法老的灵魂能够升天，与太阳神拉和永不熄灭的星辰相接。金字塔是由许多厅堂及墓穴组成的建筑群，用来放置法老及其家人的遗体，其中还摆放着石制圣餐具，而这套餐具则是历代先王遗留下来的，流传了3个世纪之久。金字塔北面建有一座葬祭庙，神庙中有一条通向墓穴的斜井。地下房间中摆放着蓝色彩陶，用来存放法老死后释放出的生命力“卡”。同时，那里还放置了陪葬用的家具。第二座墓穴可能是一座衣冠冢（没有死者遗体的坟墓），倚靠围墙南侧建有类似的房间。这座建筑群中的器物大多成双成对，大概是用来纪念上埃及和下埃及这两片区域的。

墓穴外的建筑承担了一项重要功能，即举行塞德节

用于举行塞德节仪式的庭院和阁楼，而塞德节是于法老即位30年后举行的王室节日

庆典。塞德节是在法老即位30年后举行的“三十年节日庆典”，以使君主重获神力与力量。但是大部分的建筑都偷工减料了，这些建筑的外部是精细雕琢的石灰岩，而内部却用乱石碎砖等填料填充。实际上，建筑内几乎没有空间可以使用，埃及学家从中得出结论，这些建筑仅有象征意义，特别是用于在法老死后继续举行“三十年节日庆典”。法老的灵魂能够因此重回人间，永远守护一方平安。

我们从入口处，就能看到有人在这里偷工减料，虽然阶梯的围墙上看似有15座门，但只有其中一扇门是可以通行的，而其他的门则仅仅是沿门框雕刻在石头上的痕迹而已。这片地区从未被封印过。建造巨大围墙的灵感大概来源于孟菲斯的要塞“白墙”。长柱廊通向一座大型庭院，其中的界石指引出了法老在“三十年节日庆典”期间应走的路线。庭院南侧是著名的眼镜蛇墙壁，这堵墙后便是左塞的南部墓穴。北面入口的东侧是一座用于塞德节庆典的建筑群：神庙的后方是一座配有阁楼的庭院，阁楼则饰以刻有凹槽的立柱。

葬祭庙的西侧庭院，位于阶梯金字塔的北部。地上的入口通向地下回廊。阶梯金字塔（第二形态），马斯塔巴石墓1与2，地下的井与回廊

祭坛中有两座供塞德节庆典使用的帐篷，大概是用来放置两尊法老雕像的地方。阁楼则呈现出三种不同风格，上面悬挂的旗帜可能象征着各个诺姆，这些阁楼也是人们以石头为材料，仿照古代由轻质材料建造的神庙建造起来的。其中一些建筑具有弧形拐角和上楣，这些元素在那以后被频繁使用。

左塞仅在位19年，因此他极有可能从未庆祝过塞德节，但左塞有可能在这片地区举行过其他庆典

这座建筑旁的庭院中建有一座12米高被称为“南方之屋”的建筑，此外庭院中还建有一座小型神庙。另一座庭院中也有一座类似的建筑物“北方之屋”，倚靠墙壁而建的以纸莎草秆为原型的庞大建筑象征着下埃及。两间“房间”可能是用来分别放置上埃及和下埃及两位法老的生命力“卡”的地方。金字塔东北方的塞尔达布中有一座密闭的小房间，人们在其中发现了法老的坐像。

墙壁的正面刻有两个洞，法老以此与外界进行交流，并且可以得知进入葬祭庙供奉祭品的祭司的一举一动。金字塔北部是一座大型广场，中间有一座祭坛。建筑群的西侧是一座形如马斯塔巴石墓的

入口处的柱廊，通向左塞举行丧葬仪式及“三十年节日庆典”的建筑群的唯一入口

塞尔达布，放置左塞雕像的狭小封闭建筑。墙壁上的两个洞可以使法老的灵魂进入人世

大型建筑，占据了这片地区的大部分土地，而它下面可能是用作仓库的地下回廊。

最后值得强调的是法国的埃及学家兼建筑师让-菲利普·劳尔所进行的庞大修缮工程及研究，从1926年到2001年，他将一生都奉献给了埃及，使得埃及大地上的一颗明珠重新找回意义，绽放出光彩。他的名字会永远与左塞及伊姆霍特普紧密相连。

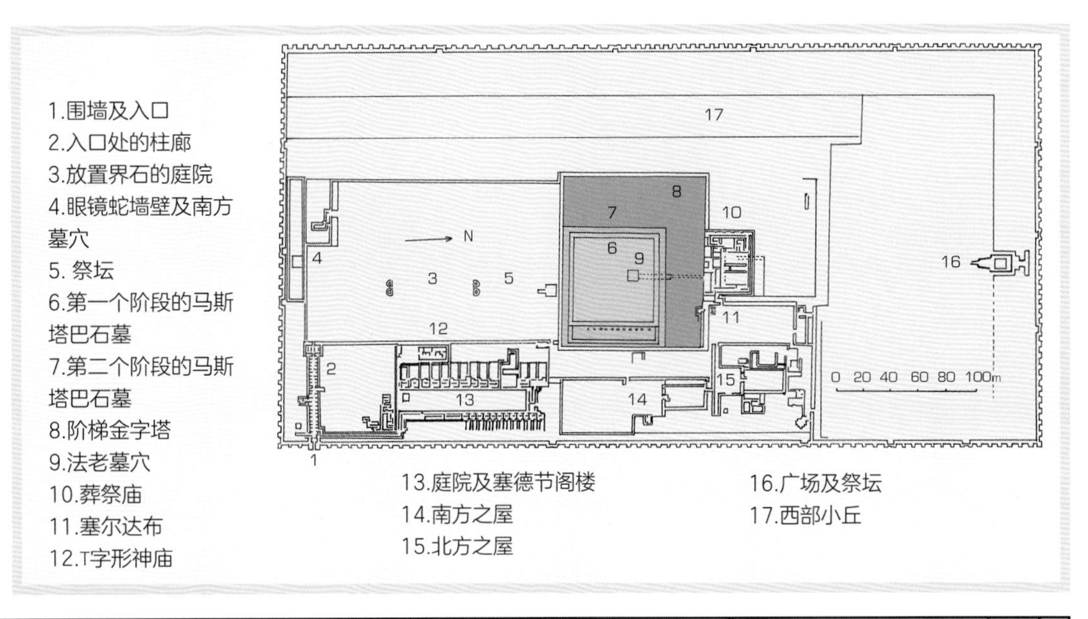

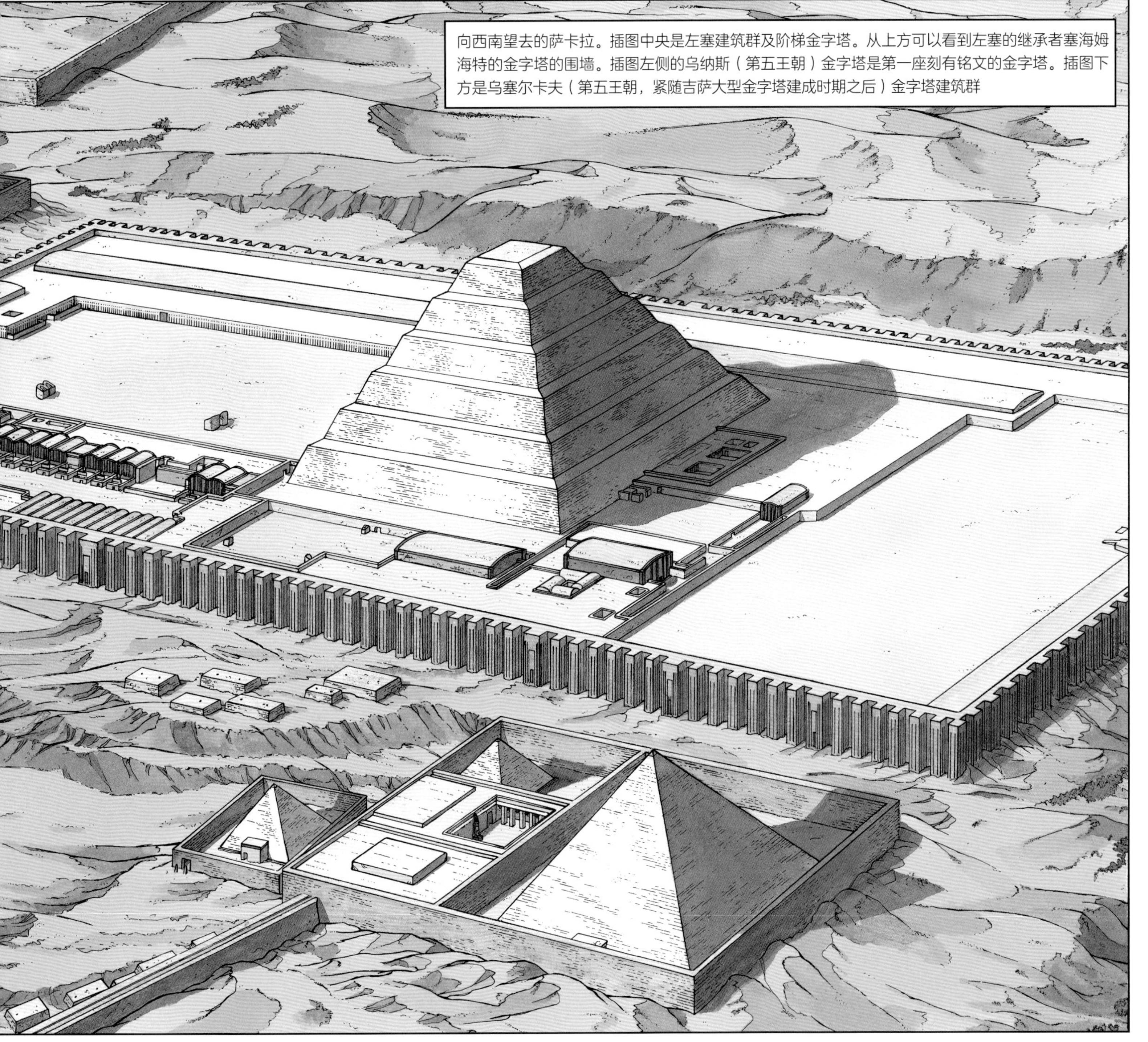
向西南望去的萨卡拉。插图中央是左塞建筑群及阶梯金字塔。从上方可以看到左塞的继承者塞海姆海特的金字塔的围墙。插图左侧的乌纳斯（第五王朝）金字塔是第一座刻有铭文的金字塔。插图下方是乌塞尔卡夫（第五王朝，紧随吉萨大型金字塔建成时期之后）金字塔建筑群

阿布西尔
与阿布·哥拉布

在以胡夫、哈夫拉、孟卡拉三大金字塔及其他大型金字塔著称的第四王朝时期之后，第五王朝的法老们离开了吉萨高地，将新的王室墓葬群建立在了阿布西尔，此地距离孟菲斯和萨卡拉非常近。金字塔更像是法老死后的居所，法老在金字塔附近还建立起来了太阳神殿，显示出人们对于太阳神拉的宗教崇拜越来越强烈。宗教中心则位于尼罗河右岸距离此地不远的赫利奥坡里斯，赫利奥坡里斯在当时十分强大且极具影响力。

普塔舍普塞斯（Ptahchepsès）的马斯塔巴石墓。这是古王国时期规模较大的私人墓穴之一，由列柱装饰的庭院四周坐落着40余间房屋。插图背景则是纽塞拉金字塔

第五王朝的第一位法老乌塞尔卡夫（前2510—前2460年）命人在萨卡拉的左塞王建筑群旁边建造了自己的金字塔，而他是第一位在阿布西尔地区建造太阳神庙的人，这座神庙位于阿布西尔偏北的地方。阿布西尔这个阿拉伯语名字来源于希腊语中的布西里斯，而布西里斯又是由Per Ousir派生而来，意思是“奥西里斯的住所”。

如今的阿布西尔已是一片废墟，游客们几乎不会考虑观光此地，但这里其实值得一游，因为捷克考古学家几十年来在此地挖掘出了大量遗迹。阿布西尔的建筑相较于吉萨的建筑而言受年代的影响更大。这些建筑物是用体积更小、更容易运输的石块建造的，并从古王国时期末期被用作采石场。阿布西尔在舍易斯时代和古波斯时代是王公贵族重要的衣冠冢。德国考古学家路德维希·博查特自19世纪末起在此地进行了多次发掘，但在随后很长一段时间里，这片地区又被人遗忘。从1960年开始，阿布西尔重新被人发掘，考古学家成功地发现了新的金字塔和葬祭庙中的多份纸莎草纸，这些都是重要的研究文献。

8座金字塔坐落于阿布西尔，其中有几座并没有完工。但值得注意的是，金字塔本身仅仅是墓葬建筑群的一部分而已，而建筑群是由众多类型的建筑组合而成的，这些建筑共同形成一个结构严谨且完整的整体。

向西望去的阿布西尔全景，由左至右分别是两座为王后建立的无名金字塔、未完工的由拉奈菲尔夫（Rênerferef）的马斯塔巴石墓改建的金字塔、王后肯特卡乌斯（Khentkaous）二世建筑群及其周边的金字塔、未完工的尼菲利尔卡拉金字塔、纽塞拉及萨胡拉的墓葬建筑群，两座建筑群中的河谷庙均与向上延伸且通往葬祭庙的甬道相连。两座建筑群之间是私人墓穴和马斯塔巴石墓，其中规模最大的是普塔舍普塞斯的马斯塔巴石墓

第一位被埋葬于此地的法老是萨胡拉，即第五王朝的第二位统治者。他的金字塔高48米，建于法老地下墓穴的正上方。北侧的一条敞开斜道通向墓室，尽管途中有岩石阻挡了去路，但墓穴依旧没有免遭劫掠和破坏的厄运。肥沃的河谷中坐落着河谷庙，河谷庙作为建筑群的入口，或坐落于河边，或位于与尼罗河相接的运河河畔。将法老制作为木乃伊的仪式很有可能就是在河谷庙中进行的，如今河谷庙已经被河谷的淤泥所掩埋了。一条建于高处且盖有屋顶的甬道（长235米）向上延伸，甬道里面饰以大量极具标志性的宗教绘画，一直通向金字塔东边的葬祭庙。法老的葬礼就是在葬祭庙中举行的。王公贵族们经过一间狭长的拱顶房间，便可以来到庭院当中，庭院中16根阿斯旺花岗岩制成的立柱均饰以棕榈叶的图案，庭院侧面的墙壁也采用同样的花纹和材质。地面和墙壁分别由黑色玄武岩和精细的白色

位于阿布西尔的萨胡拉葬祭庙的中心庭院。与沙漠中被遗忘的墓地不同，萨胡拉地区是频繁举行宗教活动的中心，祭司们在法老下葬前在这里举行丧葬仪式

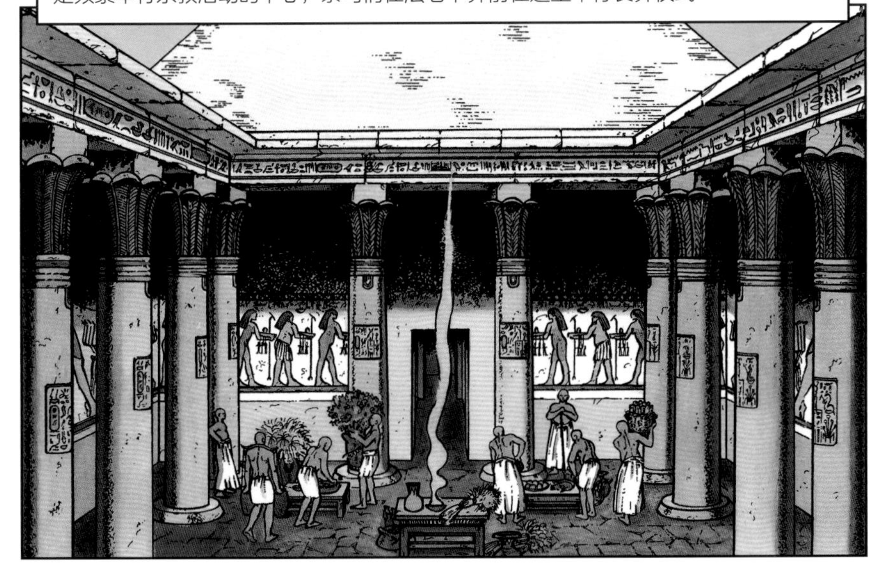

第五王朝第一位法老乌塞尔卡夫的太阳神殿。其后的法老们将这座神殿扩建，因此它同墓葬建筑群一样拥有河谷庙和港口设施

石灰岩建造，上面均雕刻着色彩艳丽的宗教浮雕。一座由雪花石膏制成的祭坛是用来放置祭品的。一条横向的走廊分隔出了神庙中的“隐秘”地区，只有一部分祭司才能够进入到神殿中举行葬礼，而神殿中有一个形状类似于门的石碑，法老的灵魂通过石碑便可参与到庆典中来，并且能够收到供奉的祭品。此外这座遗迹中还有许多不同用途的房间以及仓库。圣墙的东南角处矗立着一座卫星金字塔。

这些墓葬建筑群由于也用来庆祝宗教节日，因此吸引了大批民众。节日期间会有大量的动物被宰杀献祭，许多贵重的祭品聚集于此，而节日过后这些祭品又会被用来出售，所得钱款均用于墓葬地区的建设。新型的经济模式在神庙四周诞生了。河谷中不远处可能曾经还建起过一座小城。

继萨胡拉的长期统治之后，他的儿子奈菲利尔卡拉登上了王位，并决定建造自己的金字塔，但他并没有等到金字塔建成的那一天就去世了。他搭建起了金字塔仅有八级阶梯的核心部分，而他的继承者们则建造了金字塔的墓葬部分：高耸的神庙是由日晒砖建造的，人们在日晒砖的断壁残垣当中发现了纸莎草纸，这些纸莎草纸正是神庙档案的一部分。写有文字的卷轴记载了神职人员的编制及管理信息。奈菲利尔卡拉的河谷庙地基和向上延伸的甬道被法老纽塞拉重新使用，用以建立不远处自己的建筑群。奈菲利尔卡拉的妻子肯特卡乌斯二世也下令建立了一座包括了金字塔、神庙、卫星金字塔的建筑群。由于她的儿子法老拉奈菲尔夫早逝了，因此即将动工的金字塔匆忙间改建为高7米的正方形马斯塔巴石墓，这座石墓在此后的扩建工程中出土了纸莎草纸资料。盗墓者强行闯入墓穴，在挖掘过程中发现了法老木乃伊残骸，由此可推断拉奈菲尔夫死亡时的年龄在20~23岁。

他的兄弟纽塞拉在其统治的30年时间里，有很多机会建造属于自己的金字塔和附属石头建筑。它们与两座小型无名金字塔和一些贵族的马斯塔巴石墓一起，形成了阿布西尔墓地。

纽塞拉也在阿布西尔北部的阿布·哥拉布建造了一座特别的建筑，那是一座中央放置着大型砖砌方尖碑的太阳神庙，建筑规模与王陵相似，包含了河谷庙和向上延伸的甬道。乌塞尔卡夫于庭院处建造了一座小型太阳神庙，但文献中指出的另外四座类似的神庙却始终没有被找到。这些太阳神庙（这种方尖碑使人联想到赫利奥坡里斯的太阳神拉神庙中的奔奔石）对王室墓葬建筑群起到了补充的作用——祭祀品在搬运至王陵前首先要献祭给太阳神。法老以此彰显和伟大的神拉达到了天人合一的境界。

乌那斯和第五王朝末期的几位法老离开了阿布西尔，来到了萨卡拉。

纽塞拉于阿布·哥拉布建立的太阳神殿。庭院中大型方尖碑（一座位于20米底座上的高为30米的建筑）的脚下是用以排水的石板地面，下面是巨大的圆形承水盘，供屠宰和洗涤献祭的动物时使用。图中左侧是一条放置于沙漠中的由砖和木制成的模型船，象征了拉在白天的航行

吉萨

吉萨金字塔群和斯芬克司至今仍是埃及的标志。这些庞大的墓穴经过几个世纪依然引人入胜，仍有许多秘密有待探索。历史学家和公众对于这些遗迹的建造过程非常感兴趣，但也因此出现了分歧。大家对于这一问题兴致盎然，因而产生了许多或怪诞或异想天开的想法。然而这项研究所展现出的多样性成果使得游客们印象更加深刻。

三大金字塔。插图的前方是胡夫的金字塔。人们可以在这座金字塔后面看到放置圣舟的博物馆

继建立了若干阶梯金字塔的第三王朝后，孟菲斯的法老斯尼夫鲁下令再次扩大王陵的面积。这位第四王朝的开创者开始在美杜姆和达赫舒尔建造三座金字塔，在他的努力下金字塔全部竣工，且表面十分光滑。人们经过了种种探索与失败，渐渐开始采用石块作为建筑的原材料。其子奇奥普斯（埃及人称之为胡夫）建造了古代世界七大奇迹中唯一屹立至今的胡夫金字塔。胡夫于前2590年登上王位，为了在吉萨高地上建成墓葬建筑群，工程持续了20余年。胡夫金字塔在4500余年间一直是人类建造并保留下来的最高建筑物——塔高146.6米，侧面宽230米。这座金字塔四个边精准对应了东南西北四大方位，入口则朝向东方。金字塔主体中有三间墓室，位于最高处的是“法老之屋”，里面有一个以阿斯旺花岗岩制成的法老衣冠冢。

吉萨的斯芬克司象征着哈夫拉。哈夫拉的内梅什巾冠之上有一个洞，大概是用来放置王冠的

虽然金字塔中部署了各种防止盗墓的机关，即用石制钉齿耙和沉重的塞子挡住通向著名长廊的去路，但里面的墓穴还是自古代开始就惨遭劫掠了。胡夫的金字塔是唯一一座内部经过精心装饰的金字塔，他的继承者们所建的金字塔内部又恢复了简单朴素的样式。

至今仍有一个问题困惑着人们，那就是建造者是如何堆砌起用于建造金字塔的那200万块石块的，其中包括了金字塔中心部分所使用的巨型石灰岩、路缘石所使用的精细石灰岩和墓室所使用的阿斯旺花岗岩。根据已有的线索推断，他们大概使用了一种用于牵引石块的上坡系统（或者仅仅是一种斜坡），但这类斜坡究竟是什么样子呢？问题至今没有解决。

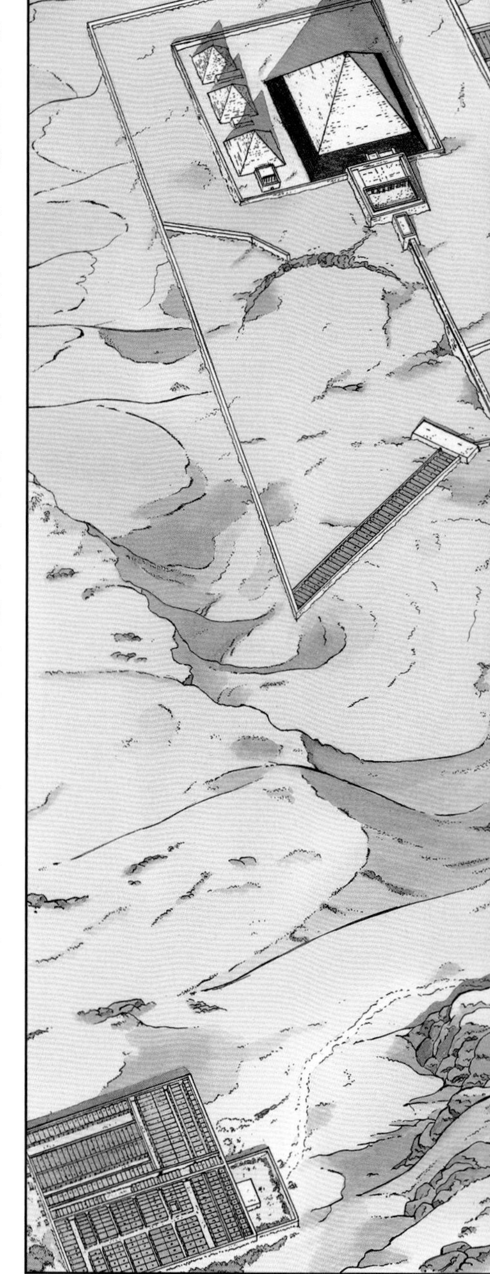

众多专家都比较倾向于独特的轴向斜坡假说，但近年来又出现了一种观点，即金字塔内部有一个斜坡。由于缺乏详细的证据，我们决定在插图中展示多种形式的斜坡及哈夫拉金字塔的主要建造过程。

金字塔不过是墓葬建筑群中的其中一个建筑而已，此外河谷中还有河谷庙（用于接待法老遗体的神庙）、与河道相接的港口设施以及矗立在金字塔脚下的葬祭庙。胡夫金字塔的河谷庙如今坐落在现代城市当中。而葬祭庙也只剩庭院中的黑色玄武岩地面上留下了一些痕迹而已。金字塔由围墙环绕，几座放置圣船的陷坎排列非常接近。其中

吉萨高地建筑群示意图

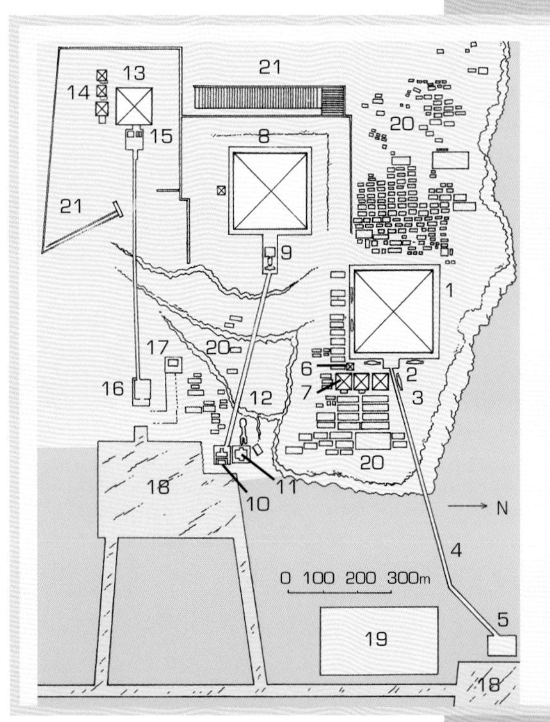

1. 胡夫金字塔
2. 葬祭庙
3. 船形陷坎
4. 向上延伸的甬道
5. 河谷庙
6. 卫星金字塔
7. 王后金字塔群
8. 哈夫拉金字塔
9. 葬祭庙
10. 河谷庙
11. 斯芬克司神庙
12. 斯芬克司
13. 孟卡拉金字塔
14. 王后和生命力“卡”的金字塔群
15. 葬祭庙
16. 河谷庙
17. 王后肯特卡乌斯神庙
18. 与尼罗河相接的港口及运河
19. 王室宫殿及“金字塔城”的可能所在地
20. 朝臣的墓穴及马斯塔巴石墓
21. 工匠的居所

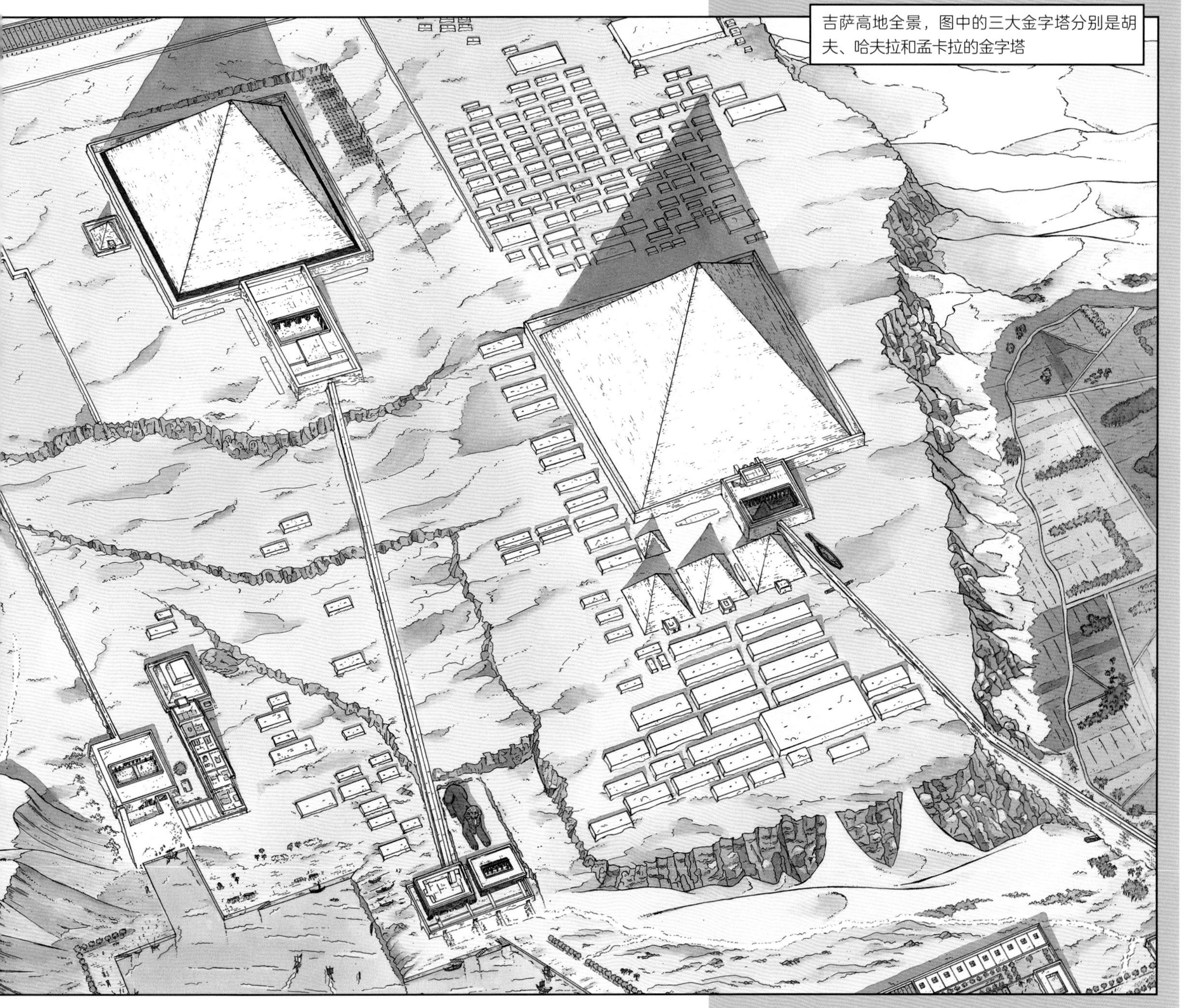

吉萨高地全景，图中的三大金字塔分别是胡夫、哈夫拉和孟卡拉的金字塔

胡夫金字塔的河谷庙。如今这座神庙已经不复存在了，法老的遗体在葬礼期间会放置于此地，此外这座神庙还用来接待前来祭奠法老的祭司和百姓。图中描绘的是宗教节日的画面，此时三座金字塔业已建成

的两座陷坑至今仍放置着真正的木船。其中一条木船长43米，尽管已经开裂，但却没有人为触碰的痕迹。这条木船在修缮后被放置在位于金字塔南部的博物馆中，供人们观赏。而另一条木船则被用于科学研究。规模较小的几座金字塔建在了主金字塔的东侧，其中三座金字塔是用来祭奠胡夫的王后和姊妹的。20世纪90年代，人们在东南角又发现了一座为法老的生命力“卡”举行礼拜仪式的卫星金字塔。建筑群四周坐落着朝臣和贵族的墓穴，这些建筑共同组成了一座墓葬之城，安葬于此的逝者能够得到法老的庇护。

胡夫的儿子兼继承人拉杰德夫抛弃了吉萨，迁都于距离吉萨北部8000米远的阿布·罗奇，但他在位的时间非常短暂，随后胡夫的另一个儿子哈夫拉登上王位，又回到了吉萨，在此建立第二座大型金字塔。

哈夫拉金字塔同样由葬祭庙、河谷庙和位于南部的卫星金字塔组成。哈夫拉金字塔相较胡夫金字塔略矮，但由于坐落于荒凉高原上更高的位置，人们会误认为哈夫拉金字塔更高。哈夫拉金字塔高136.4米，精细石灰岩制成的墙面完好地保存了下来，而其他金字塔的墙面层早已于中世纪时期阿拉伯人建立开罗城之时就脱落了。哈夫拉河谷庙中的阿斯旺花岗岩立柱也保存了下来，而其北侧则是斯芬克司神庙，毫无疑问，斯芬克司神庙也属于太阳神庙。吉萨的斯芬克司巨像矗立于建筑群之后。这座长75米、高20米的斯芬克司巨像倚靠岩石而建，而这块岩石正是哈夫拉采石场遗留下来的，从前哈夫拉用这座采石场出产的岩石建造了金字塔。斯芬克司呈俯卧的人首狮身形象，其面部大概也是法老的肖像，人们先后于新王国时期、从晚王朝时期至罗马时期对其进行修缮，但巨像最终还是被黄沙

淹没至颈部。

图特摩斯四世在其巨像的双手之间建立了一座神殿，这座神殿以其中的梦幻石碑而闻名。法老在此记述了斯芬克司曾出现在他童年的梦境之中，在一阵追逐嬉戏之后，法老躺在了斯芬克司的影子下休息。这位伟大的神将王位给予年轻的王子，但神的雕像却损坏并陷入沙中，最终王子从沙中挖出并修复了神像。斯芬克司的假须之下可能还建有一尊法老雕像，而且这片地区在新王国时期经历了一次复兴——俯卧在地的巨大雄狮身边建立起了许多小型神庙。斯芬克司是神拉-哈拉凯悌的象征，而拉-哈拉凯悌既象征升起的太阳，又是墓葬群的守护者。埃及的整个历史进程当中都有用来祭拜斯芬克司的仪式。吉萨的斯芬克司如同金字塔一般，吸引着无数游客和埃及本地人前来观赏，阿拉伯人则给斯芬克司取了另一个名字“阿布埃尔霍尔”（Abou el Hol），即“恐怖之父”。马穆鲁克人用炮筒射击斯芬克司巨像，斯芬克司的鼻子因此损毁。考古学家自1925年起对斯芬克司巨像进行发掘，并进行了常规的修缮工程，其表面易碎的岩石已经风化，露出了里面的石灰岩层面。最终，哈夫拉的儿子孟卡拉在父亲的金字塔旁并排建立了第三座金字塔，但规模较小。这座高70米的金字塔并没有完全竣工，孟卡拉的继承人切普塞斯卡夫，即第四王朝的最后一位法老，使用日晒砖作为材料，完成了孟卡拉河谷庙的建造工程。切普塞斯卡夫在萨卡拉南部为自己修建了一座马斯塔巴石墓样式的墓穴。第五王朝时期的法老又采用了建造金字塔和墓葬建筑群的方式，虽然建筑规模较小，但是内部却刻写着详细阐述墓穴用途的铭文——作为扶梯，用于让法老的灵魂登上天国。建造大型金字塔的时代就此终结，而大兴土木修建金字塔的传统大体上伴随着古王国的兴衰。

新王国时期的斯芬克司地区。这片地区曾经是法老的狩猎区域。诸如狮子和羚羊一类的野兽生活在沙漠的边界地区。斯芬克司的修缮工程以及神庙和神殿的建造工程基本上是由阿蒙诺菲斯二世和图特摩斯四世完成的

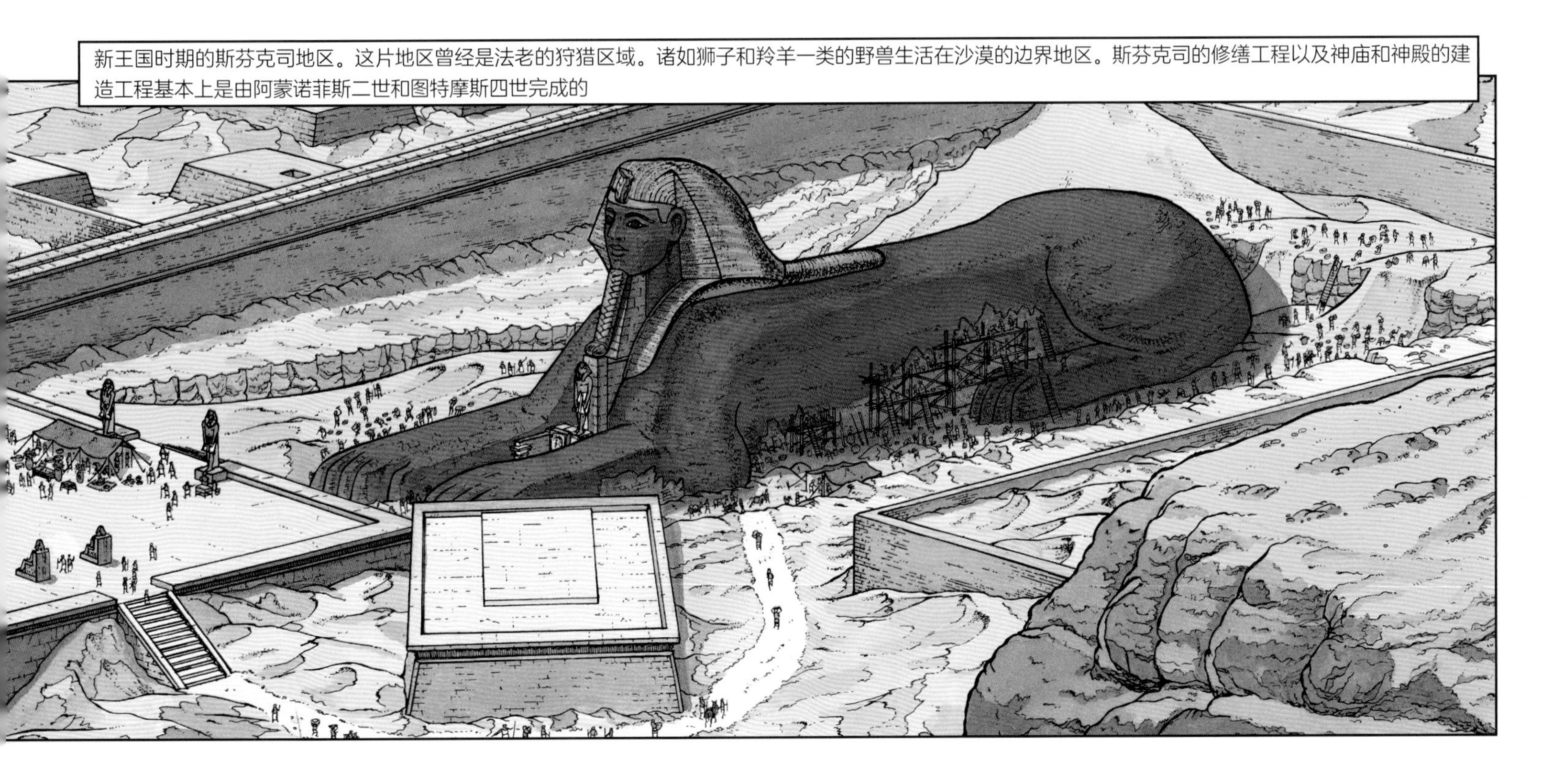

吉萨哈夫拉金字塔的建造过程

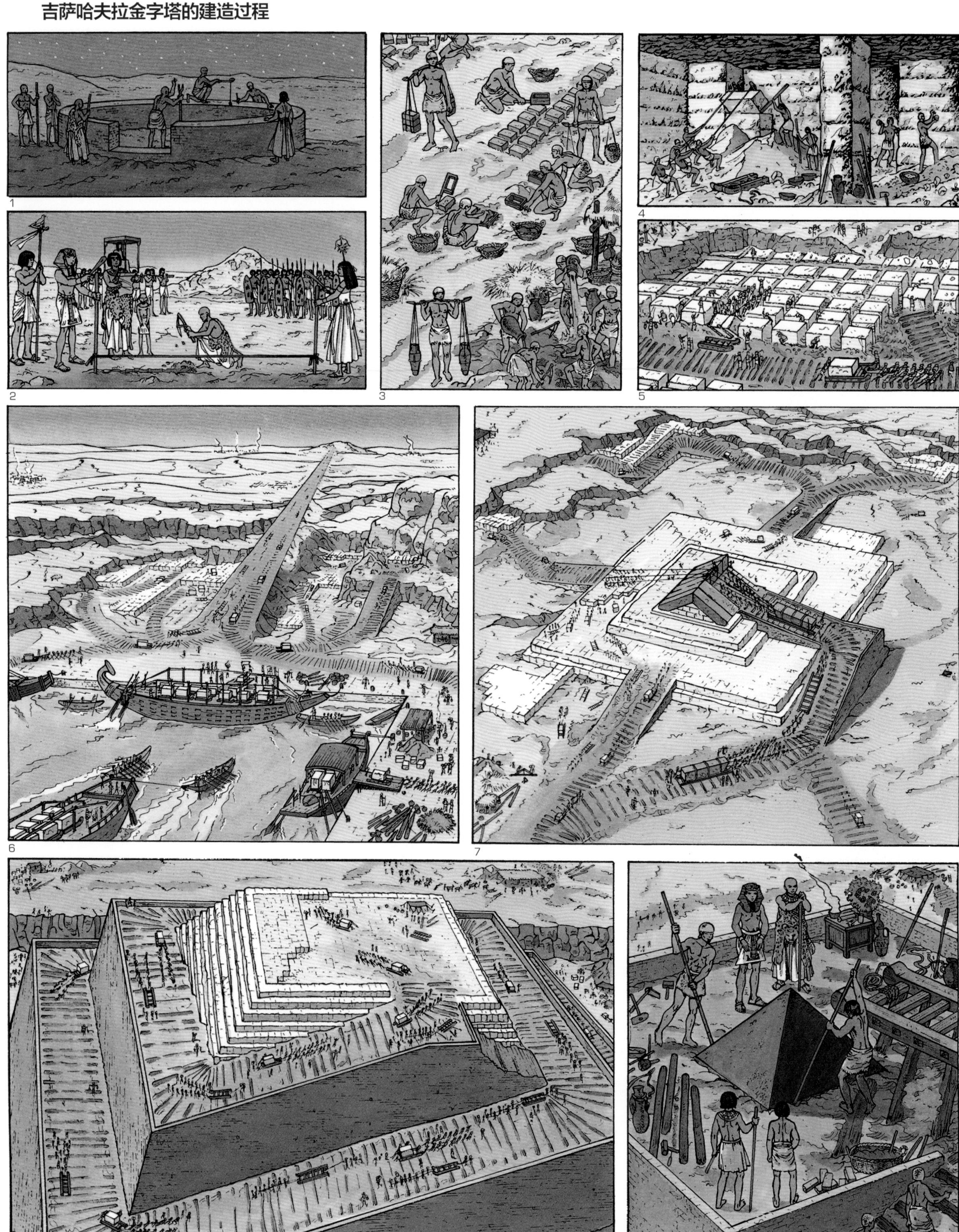

1.对准星辰位置，确定北方所在。2.常规测量。法老拉出金字塔建造所用的第一条墨线。3.用日晒砖建造斜坡。4.位于尼罗河右岸的图拉（Thourah）采石场，此地出产用于建造墙面的精制石灰岩。5.当地的石灰岩采石场，此地出产的岩块用于建造金字塔内部。6.采石场附近向上延伸的甬道，用于运输及卸载来自于图拉的石块。7.以阿斯旺花岗岩为原材料进行的建筑奠基工程，同时亦将墓室封锁起来。8.采用包围式斜坡的金字塔建造工程。9.金字塔顶端的奠基工程，随后还有可能为金字塔进行装饰。

10.使用坚硬的球状石块对金字塔进行由上至下的涂料工程。随着工程的进行，斜坡被逐渐拆除。11.葬祭庙的建造过程。12.对向上延伸的长廊进行装饰。13.在河谷庙的屋顶上搭建帐篷，并在其中将已逝的法老制作成木乃伊。14.在河谷庙中为法老木乃伊入葬而举行仪式。15.通过狭窄的通道将棺椁运至墓穴当中。16、17.将墓葬用的家具放置在石棺周围，随后封印金字塔。

亚历山大里亚

前331年，亚历山大大帝建立了东地中海地区最大的城市亚历山大里亚，虽然这座城市从托勒密时期至克利奥帕特拉七世、恺撒和安东尼统治时期都是埃及的首都，但从严格意义上来讲，它从未是埃及的城市。这座城市在成为国际化都市之前其实是属于希腊的，罗马人将其称为Alexandria ad Aegyptum，即“靠近埃及的亚历山大里亚”。

亚历山大里亚的守护神塞拉比斯，他联合了埃及和希腊的神共同守护这座城市，其中包括奥西里斯和宙斯。图中的神像现存于马里蒙博物馆

亚历山大大帝占领了小亚细亚后，又于前332年在对抗阿黑门尼德的波斯人战役中征服了埃及，因追赶总督马扎克斯而进入到古代埃及首都孟菲斯。在这座古老的城市里，他被奉为法老，但为了在这一古国中坐稳法老的位子，他必须去开辟新大陆。他动身前往尼罗河三角洲西北方向的岬角，这座岬角位于地中海和马雷奥蒂斯湖之间的地带上距河口30千米处。他避开了一年一度的涨潮时节，于前331年1月建立了一座名为“亚历山大里亚”的城市。这座城市中建有一座小型的埃及式港口，而他在法罗斯岛上建立起来的伊西斯神庙更体现了埃及的特征，而法罗斯岛正是荷马在《奥德赛》中提及的名称。尽管这里土地干燥，但依然适合发展，城里断开的海岸形成了两座天然港湾，加以人工建造便可以形成两座能够抵御风浪的大型港口。亚历山大年仅23岁时，便在来自罗得岛的建筑师狄诺克拉底的帮助下勾勒出了城市的轮廓。亚历山大里亚以棋盘状布局，并且还在运河上建立一座河港，将人们赖以生存的尼罗河水引入城市。相传，在勾画城市地界的时候，白垩和沙子都不够用了，于是亚历山大下令用军队食用的面粉勾勒城墙的轮廓。面粉吸引了大量飞鸟前来进食，以致面粉被全部吃光了，于是人们将鸟群的到来视作美好的预兆——城市将会繁荣昌盛，人丁兴旺。亚历山大里亚至今仍是地中海沿岸较大的城市。亚历山大的家庭教师亚里士多德关于城市化的认识至今仍有积极意义。亚历山大里亚地理位置优越，盛行风的存在保障了城市的洁净和宜人的气候，而且亚里士多德从建城之初就提议大力修建宽阔的街道。亚历山大里亚被认为是埃及极其重要的经济中心，同时也是东西方贸易交流的枢纽，埃及在此进行大宗商品出口，在亚历山大的眼中，亚历山大里亚是未来帝国的真正粮仓。亚历山大里亚理应成为一座海上军事实力和经济实力突出的城市，以保障其在东地中海地区的绝对霸

位于法罗斯岛的魁贝要塞，如今这座岛屿已与陆地相接

权地位。但这位征服者在亚历山大里亚只停留了很短的时间，并没有看到城市的建成，他随后便前往利比亚的沙漠，在锡瓦绿洲接受了宙斯-阿蒙的神谕，神谕称他为神之子，之后他离开了埃及。他征战不断，一直攻打到了印度，最终于前323年在巴比伦逝世，此间他再也没有到过亚历山大里亚，也没有遗诏明确指出他的继承者是谁。在此期间，一位名为克里奥美尼的人成为埃及的首脑，并且下令从纳奥克拉提斯开始对亚历山大里亚进行全面建设，而纳奥克拉提斯则是希腊长期以来在埃及建立的商站。亚历山大逝世以后，其将军托勒密一世统治了埃及，他相继以亚历山大大帝兄弟和儿子的名义登上王位，但最终仍以自己的名义称王。他自称为埃及的法老，并创建了拉各斯（lagos）王朝（如今被认为是根据其父亲的名字拉各斯而命名的，又称托勒密王朝），这个王朝的统治直到前30年罗马人入侵、埃及最后一位女王克利奥帕特拉七世逝世时才终结。

人工建造的堰堤埃普塔斯塔德（Heptastade），长7斯塔特（古希腊长度单位，1斯塔特约合180米），约合1200米。这座堰堤用于连接法罗斯岛和陆地，并且配有引水渠

大港区的安蒂霍多斯岛，岛上坐落着克利奥帕特拉的宫殿和伊西斯神庙。插图中右上方是洛察斯海岬及王室区域

托勒密一世统治初期，孟菲斯一直是国家的首都，当亚历山大里亚的工程进度已经足以建立政府时，他决定迁都至此地，此时的亚历山大里亚被埃及人戏谑地称为“工地”。实际上，要完成亚历山大和托勒密一世的规划还需要几十年，包括建设港口、街道，建立高大的灯

恺撒瑞姆（图中右侧）所在的被称为美伽·里门（Megas Limen）的东方港口。图中左侧是用来祭奠海神波塞冬的神殿，插图前景中的堰堤通向蒂莫尼姆，安东尼于阿克提乌姆战役（也叫亚克星海战）失败后躲逃至此，但阿克提乌姆战役依然加速了克利奥帕特拉七世和独立埃及的灭亡

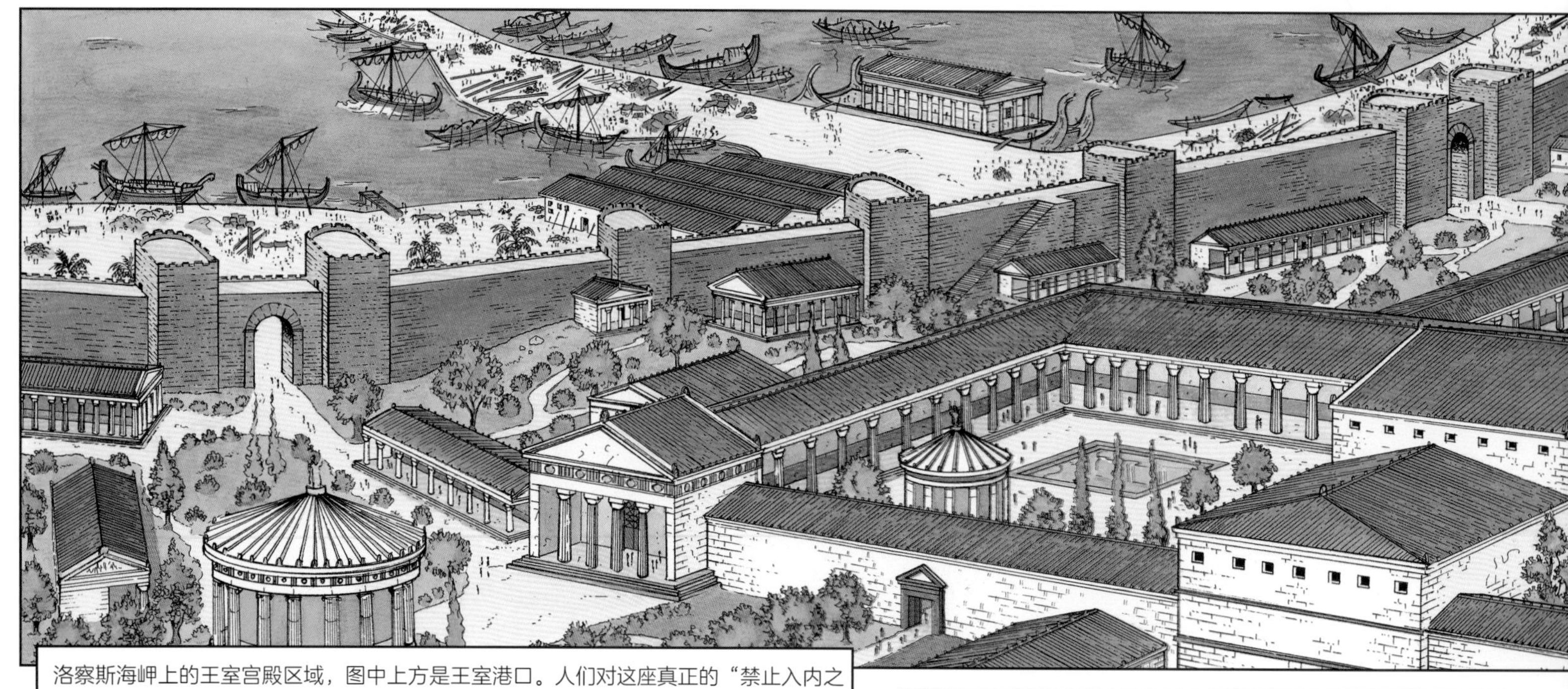

洛察斯海岬上的王室宫殿区域，图中上方是王室港口。人们对这座真正的“禁止入内之地”所知甚少，但这片区域至少占据了城市四分之一的面积。许多不同时期的宫殿和柱廊（列柱）林立在此

塔以指引靠近低矮且平坦海岸的航船。托勒密一世还将亚历山大大帝的遗体埋葬在了这座巨大的城市之下。这是一个富有的王国，也是一座繁荣的城市，他将这座城市留给了儿子托勒密二世菲拉戴尔夫斯。菲拉戴尔夫斯圆满完成了父亲的建筑杰作，同时也增强了国家的国力与财富。他还为灯塔举行了落成仪式，并将亚历山大里亚扩展到了空前的规模。城市人口也迅速增多，但主要由希腊人构成，埃及人在这座特大城市中找不到家的感觉，因为这里已经几乎没有埃及人了。亚历山大里亚成为埃及重要的经济中心和文化中心，那里建造的博物馆和图书馆吸引着全世界最具智慧的学者、哲学家、医生及数学家的到访。托勒密家族，至少是其中的统治阶层，担心这座城市有朝一日会失去盛极一时的荣耀。不幸的是，托勒密王朝在血亲间的爱恨情仇下

博物馆的复原图，博物馆并不是用来展示藏品的地方，而是受法老邀请而来的学者们进行研究的场所。博物馆中的小型缪斯神殿正是著名的亚历山大里亚图书馆

图书馆中的厅室，其中保存着纸莎草纸卷轴。成千上万的卷轴被存放在各个区域。只有学者才能入内

亚历山大里亚灯塔，其斜坡上有16座桥拱。这幅图是基于阿拉伯旅行者埃尔-昂达鲁西（El-Andalusi）的测量和埃及学的最新研究成果所绘制的复原图。其多利安式大门是在海下勘探时找到的

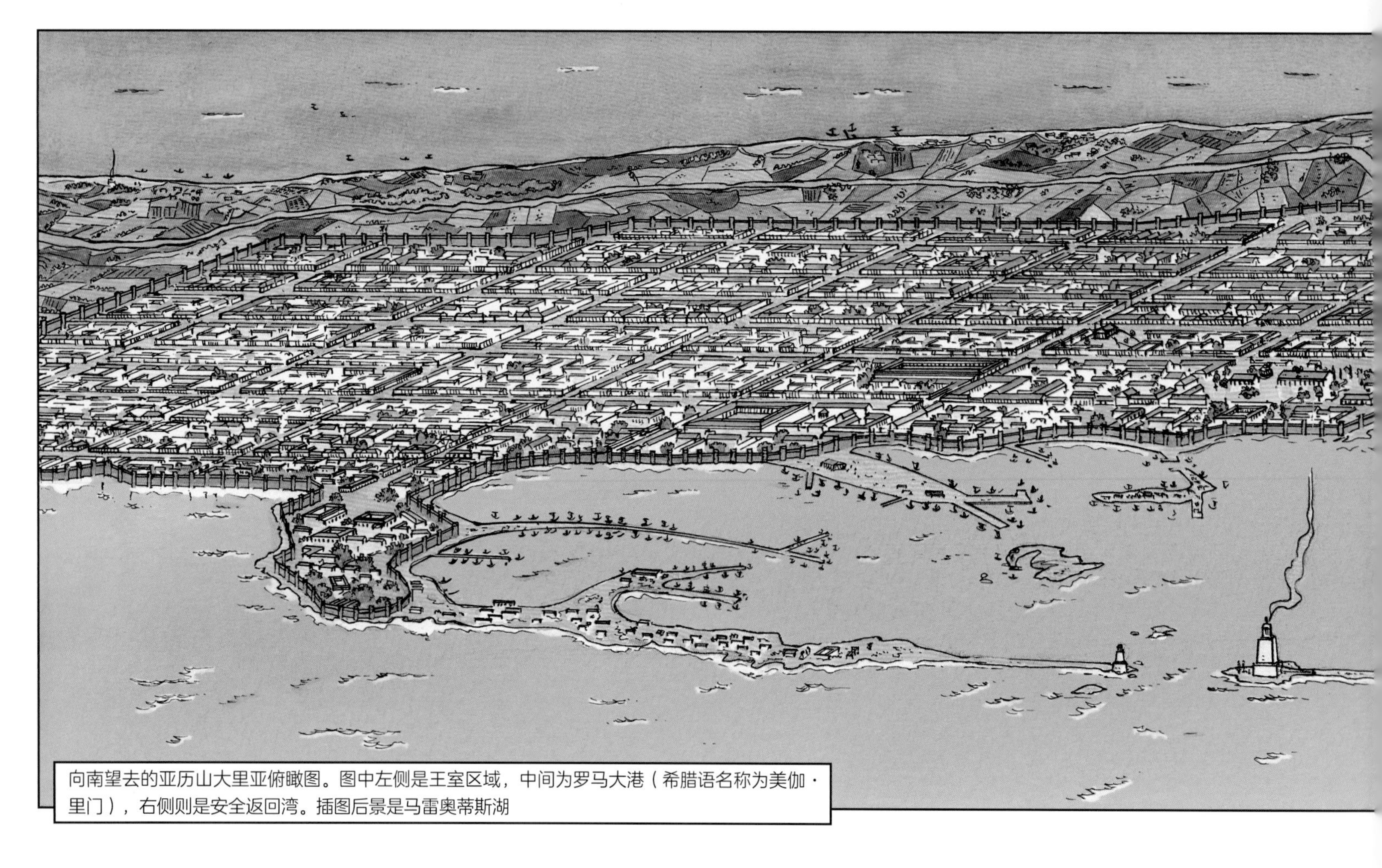

向南望去的亚历山大里亚俯瞰图。图中左侧是王室区域，中间为罗马大港（希腊语名称为美伽·里门），右侧则是安全返回湾。插图后景是马雷奥蒂斯湖

很快便没落了，毫无挽回的余地。托勒密家族的人几乎都死于非命。他们大多是被家族成员所杀害，由于国家经营的事业为他们带来了巨额财富，因此家庭成员彼此觊觎对方的财富。分布在不同地区的希腊人、埃及人和犹太人等进行了多次起义，因为统治者的过分行为时常给城市带来饥荒和其他重大灾难。人们给一些法老起的绰号非常写实，托勒密七世菲斯孔（Physkôn）被称作“肥头肥脑”“虚胖者”“追求享乐之人”，托勒密九世即索托尔二世拉提尔（Lathyre）被称为“吝啬鬼”，克利奥帕特拉七世的父亲托勒密十二世奥莱特（Aulète）被称为“吹笛人”等。令人惊奇的是，虽然王朝内部存在着谋杀与残暴，但却繁衍出了高雅的文明和灿烂的文化！

在博物馆的花园中饲养着大量以供研究的动物。热带动物栖息在这座生机盎然的动物园中，这里甚至还有北极熊

受到外部世界的影响，埃及的国势急剧衰退，托勒密家族的最后一代人为了保住王位，将富庶的埃及“卖”给了日益强大的国家——罗马。托勒密七世为了保住王位而身负罗马人的巨债，不得不逃到了当时正处于发展阶段的某一帝国首都。克利奥帕特拉七世的故事众所周知，为了使埃及不被其他国家吞并，她先后联合尤利乌斯·恺撒和安东尼，但均以失败告终，最终埃及落入了奥古斯都手中。亚历山大里亚作为罗马行省埃及的省会继续繁荣发展，成为非洲、近东和印度的贸易中心及大都会，众多的哲学和宗教思想在此交相融汇，其中也包括了天主教，亚历山大里亚由此成为天主教的一大重要中心，直至7世纪阿拉伯人的到来才得以终结。如今，人们找不到关于这座古代城市的任何绘画作品，因此只能从少数留存下来的文献中获得启发，例如斯特拉波和希罗多德的著作。而考古发掘工作只能在局部地区展开，因为珍贵的废墟之上几个世纪以来已建立起了现代都市。当代的勘探工作难以进行，大量的疑问悬而未决，比如亚历山大大帝的墓穴在何处等。但亚历山大里亚从来都是热爱埃及的人们所向往的地方。

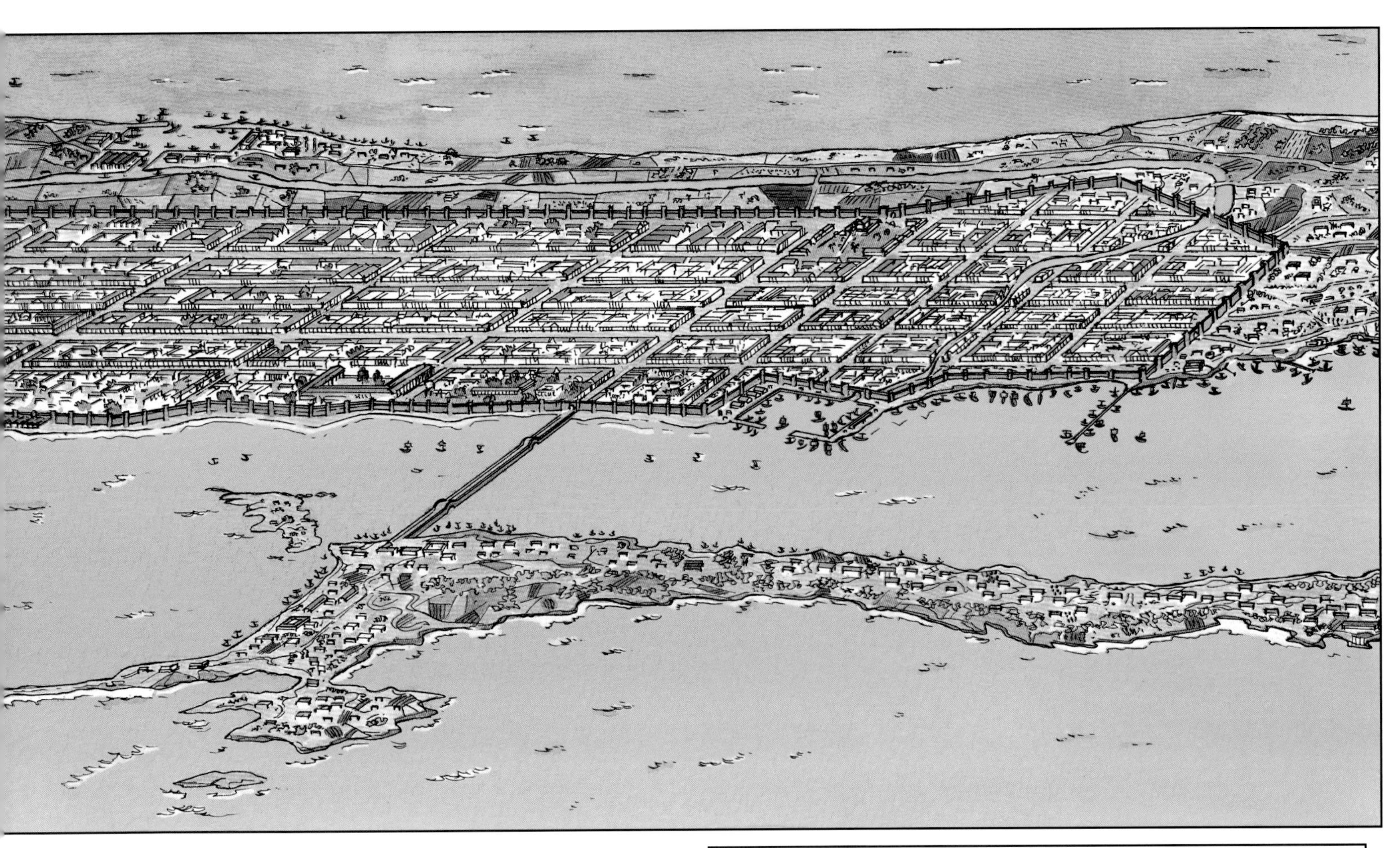

塞拉比尤姆山丘，丘上是塞拉比斯神庙和实际上是由戴克里先建立的“庞贝立柱”

塞拉潘神殿中的塞拉比斯神像。塞拉比斯一半来源于希腊神话，一半来源于埃及神话，图中呈现的是与宙斯相似的希腊化形态的塞拉比斯。埃及化造型的神像也存在着（参见第63页，12）

人物与服饰（一）

分类

1~6：部分埃及神祇
7~13：渔夫、农民和工匠
14~20：乐师与手艺人
21~28：祭司与法老
29~35：海上民族与拉美西斯二世的士兵
36~42：哈特舍普苏特正在巡视工地

具体介绍

1：奥西里斯，伊西斯之夫，荷鲁斯之父，同时也是冥神和死后重生之神。
2：伊西斯，奥西里斯之妻，荷鲁斯之母。她在下埃及广受欢迎，既是大法师也是人类的守护神。
3：荷鲁斯，太阳神，鹰首人身。他是伊西斯与奥西里斯之子，上埃及与下埃及法老的守护神。
4：阿努比斯，是一位胡狼头人身的神祇。他是香料防腐师与墓葬的守护神，引导逝者进入彼世。
5：克努姆，羊首人身。他用陶轮创造了世界与人类。
6：索贝克：鳄鱼神，丰产之神。
7：渔夫正在用铜刀清理鱼。他用鱼叉捕鱼。
8：花匠肩挑两个盛满水的黏土陶罐，为菜园浇水。
9：农夫。尼罗河停止泛滥后，农夫会趁着土壤依旧湿润的时候开始耕种。
10：牵牛犁地的人。
11：一名书吏正在登记犁过的地和撒种后的地。
12：播种小麦之人。
13：玻璃吹制工。
14：女乐师正在弹奏小巧的肩型竖琴。
15：画师正在为陶瓶上色。
16：女乐师正在拍打手鼓。
17：木匠正在用锯子锯木板。他把木块固定在夹板上然后笔直地锯下木材。
18：陶工徒手转动着陶轮，然后把黏土拉坯成型，最后放进炉中烘干，加工成陶罐。
19：面点师头顶着一排排小小的圆面包，这种圆面包现在在埃及农村依旧可以见到。
20：两名女子正在用垂直织布机织布。织布的方法很简单：让（纵向的）经线来回在（横向的）纬线上下穿梭即可。
21：祭司防腐师头戴阿努比斯的面具，将法老遗体制成木乃伊。
22：菲莱神庙中伊西斯的女祭司。
23：奈夫蒂斯的女祭司。这位女神是伊西斯的姐妹，曾帮助伊西斯拼凑奥西里斯的尸体。
24：古罗马皇帝图拉真头戴象征下埃及的红王冠。他下令，让人在埃及诸多神庙的墙上画上自己的形象，他还下令在菲莱岛上修建了一座著名的凉亭。
25：托勒密王朝的法老戴着内梅什王巾，身穿点缀着王室图案的上衣和长裙。
26：古罗马皇帝提贝里乌斯头戴奥西里斯高顶王冠。
27：法老拉美西斯三世，他头戴象征上埃及的白王冠，身着出席大典的正装，曾在埃及史上的第一次大海战中打败了海上民族。
28：哈姆乌塞特（Khâemouaset）王子，拉美西斯三世之子，拉美西斯三世为他在王后谷修建了一座陵墓。
29：属于海上民族的腓力斯人。图中的腓力斯人带了两支长矛，背着一轻型盾牌，手握一宝剑。他头戴马鬃头盔和皮革盔甲。
30：沙尔登人，海上民族的一支。他们头戴有角的铜头盔。不久后，这些沙尔登武士将会成为埃及军队的一部分。
31：利比亚人。我们可以根据其头饰、文身和皮质的披风分辨出来。
32：古埃及轻步兵中的弓箭兵。正是因为对弓箭兵管理有方，拉美西斯三世才能征服海上民族。
33：拉美西斯三世的近卫官。此人头戴一顶厚重的软帽，手持一斧一盾。
34：手持镰刀剑和盾牌的埃及轻步兵，不穿护胸带。
35：海战中的埃及水兵。
36：雕刻工正对一尊斯芬克司王室石像做最后的润色：他们用粗陶卵石打磨石像，使其表面光滑。
37：埃及王室的斯芬克司狮身人面像。狮身人面像不是立在通往神庙的甬道旁，就是立在神庙的入口处，起到庇护作用。
38~39：画师在修饰石像。埃及的石像往往是彩色的。
40：一名书吏在把控工程进度。工地里常常能见到他们的身影。
41：哈特舍普苏特在建筑师森穆特的陪伴下，视察哈特舍普苏特神庙的施工现场。
42：森穆特，哈特舍普苏特王后的建筑师。他设计并主持修建了著名的戴尔·埃尔-巴哈里神庙。

人物与服饰（二）

分类

1~12：古埃及众神
13~18：古王国时期的法老和贵族
19~23：中王国时期的法老和贵族
24~28：阿蒙霍特普三世和提伊王后
29~38：托勒密王朝的法老和贵族，亚历山大港的罗马人
39~46：一座陵寝的施工现场，帝王谷，新王国时期

具体介绍

1：前王朝时期，女性小雕像，丰产的象征，涅迦达文化II时期。涅迦达是法老统治之前一处重要的中心。
2：此神名叫“瓦吉乌尔”（Ouadj-Our，意为“浩瀚的绿”），是海洋、三角洲湿地以及法尤姆湖的象征。她引出了“hetep”（祭品）一词。阿布西尔，萨胡拉陵庙，第五王朝。
3：塞特，既是奥西里斯的兄弟，也是他的仇敌。塞特是沙漠之神、破坏力之神，他神通广大，令人生畏，但也履行善神和守护神的职责。古王国初期，他曾是某些法老的守护神，随后这一职能被荷鲁斯所取代。
4：卡，人类生命力之源，使得人类生生不息。在象形文字中，“卡”的符号是高举的双臂。人死后，卡会脱离躯体，可以与雕像融合。卡同样象征了统治者的生命力，在法老之中代代相传。卡的复数是卡乌（kaou），有“营养、滋养”等意义。
5：太阳神拉与冥神奥西里斯在冥府中结合。奥西里斯被制成木乃伊，图中以头顶太阳圆盘的羊首形象示人。伊西斯与奈夫蒂斯全程陪伴左右。拉美西斯二世的大王后奈菲尔塔丽之墓，王后谷。
6：奶牛形象的哈索尔-玛阿特是底比斯女神，西方世界的女王，驾驭着太阳船在天空遨游，接近其父太阳神拉，她是底比斯古墓伟大的守护神，象征来世的重生以及宇宙平衡。戴尔·埃尔-麦地那（Deirel-Médineh）神庙，托勒密王朝。
7：贝斯是双脚畸形的小矮人，是守护神和善神。埃及人特别是下埃及人喜欢戴他的护身符，贝斯则会保护他们。他掌管生命的诞生，保护音乐、欢乐和狂欢，他还与哈索尔、拉以及荷鲁斯等神有关。
8：麦里特塞盖尔，眼镜蛇女神，即“喜欢沉默之神”。她是底比斯山的守护神，也是庇护卢克索左岸陵寝的女神。人们从山顶依坡为她建立了一些神堂，认为她与神堂已融为一体。
9：阿波菲斯，形象为巨蛇，是冥界黑暗与丑恶的化身，逝者的灵魂必须战胜邪恶，才能渡过磨难之路，实现永生。
10：阿格忒斯·戴蒙，长有胡须且头戴奥西里斯王冠的蛇之神祇。他是亚历山大里亚城的守护之神。膜拜其的宗教仪式自城市建成之初便产生了，即亚历山大里亚时期。
11：阿匹斯，孟菲斯初代神祇。古埃及晚期，孟菲斯曾供奉一只神牛，并将其制成木乃伊。阿匹斯是丰产诸神，他渐渐与普塔-索卡尔-奥西里斯发生关联，在希腊化时代变成了塞拉比斯。
12：塞拉比斯。图中塞拉比斯以埃及面貌示人。此神融合了希腊与埃及的风格，创造于希腊人进入埃及的时期。塞拉比斯与奥西里斯、阿匹斯和宙斯有关，在亚历山大港和全国境内都有祭祀他的神庙。他的希腊面容与大胡子宙斯十分相似，他手持卡拉索斯，或者量谷物用的容器。
13：希拉康坡里斯曾出土了著名的那尔迈调色板，图中便是调色板上刻画的那尔迈王。他是一位埃及法老，一般认为是他统一了埃及。在图中所示的一面上，他头戴象征上埃及的白王冠，击打着一位敌军败将。在调色板的另一面，他则戴上了象征下埃及的红王冠。开罗博物馆。
14：太阳神拉的大祭司，身着大典正装，古王国（第五王朝）时期。
15：法老乌塞尔卡夫（第五王朝），图中他头戴象征下埃及的红王冠。
16~17：古王国时期的高官与资政大臣（类似于首相）。
18：古王国时期的公主，身着豹纹长袍。
19：第七王朝（中王国）时期的公主。
20：塞索斯特里斯三世，中王国法老。那时候，底比斯是中王国的国都，然而中王国的法老都大力发展阿拜多斯（本书有所介绍）。图中的法老戴着内梅什王巾。
21：中王国的王后，王后的头发梳成了哈索尔发式，弯弯曲曲直垂胸际。
22：身着宽大外套，头戴沉重头巾的市长。中王国时期。
23：中王国时期的阿拜多斯石碑。朝圣之城中以个人名义在奥西里斯墓穴及神庙附近竖立的墓葬石碑。
24：王室狮子巨像。这种狮子像一般成双成对，守护着神庙的入口（新王国，阿蒙霍特普一世）。
25：阿蒙霍特普三世，埃及法老。在他的统治下，新王国时期又出现了一段盛世。他头戴蓝冠。
26：埃及王室的王子，即后来的阿蒙霍特普四世（埃赫那阿）。他扎着孩提时期的小辫子。
27：大王后提伊，图坦卡蒙的祖母。提伊王后的墓中出土了一绺秀发。
28：为努比亚王室执扇的人。
29：托勒密二世菲拉戴尔夫斯。他与他的姐姐阿尔西诺二世在死后被神化。他实现了其父托勒密一世、王朝开创者索塔尔的遗志。
30：神化的阿尔西诺二世像。她头戴丰裕之角。纽约大都会博物馆藏。
31、32：希腊乐师。
33：伊西斯神的祭司手持卡诺匹斯罐，顶盖绘有奥西里斯的形象。
34：一座神庙里的石碑，上面描绘了塞拉比斯神的形象。都灵博物馆。
35：至圣所中描绘了埃及女神奈特希腊化形象的石碑。她坐于鳄鱼之上，神态类似于沐浴中的阿芙洛狄特。都灵博物馆。
36：托勒密王朝的王后身着伊西斯或阿芙洛狄特服饰。
37：亚历山大里亚的贵妇人。服饰与发饰奢侈考究。
38：古罗马皇帝卡拉卡拉。他移驾亚历山大里亚，极其艰难地镇压了人民叛乱。
39：采石工用镐头在坚硬的石面上开凿石灰石。
40：工匠将散落的瓦砾装到篮子或皮袋中。
41：采石工用铜凿子精准确定尺寸。
42：石膏工在抹平墙面。
43：一名书吏正在向设计师下达指令。
44：设计师在红色方格上绘制图案。
45：雕刻工在浮雕上雕琢图案。
46：一名画师正在给图案上色，每一种颜色都有不同的含义和宗教意味。

埃及旅行

本书展示的所有景点均可参观，但游客需要稍微规划一下自己的行程。当然，许多游客都是在规划好行程的前提下游览埃及及其景点的，因为旅行团已经为人们提供了各式各样的陆上及海上观光线路套餐。

但游客们也可以打破常规，以个人或小组为单位自由行，这样旅行会更加丰富多彩。游客若采用这种方式游览，则可以使用出租车或小型客车代步，阿斯旺、卢克索、开罗和亚历山大里亚的基础旅游设施都非常完善。游客可以在下列网站中查找到用于规划行程的信息：

最高文物委员会官方网站

网站提供阿拉伯语及英语服务。包括了所有与景点、博物馆等相关的实用信息。

www.sca-egypt.org

埃及游客服务中心官方网站（法语）

www.egypt.travel

世界各地的埃及博物馆推介

埃及，法老的国度，文明的发展史长达数千年。无论您是要到埃及观光旅游，还是想探索其灿烂文明，参观几处介绍埃及的博物馆总会给您带来意想不到的惊喜。以下是一些介绍埃及文明史的博物馆：

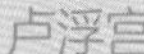

卢浮宫

卢浮宫入口

卢浮宫的古埃及馆，拥有全世界最精美的埃及文物。值得一提的是，著名的玻璃金字塔下方还设有大型书店和儿童读物区。

地址：Musée du Louvre, 75058 Paris – france

电话：+33 (0)1 40 20 53 17

开放时间：每周除周二外均开放，9：00—18：00。每周三和周五开放至晚上21：45。每年1月1日、5月1日及12月25日闭馆。

www.louvre.fr

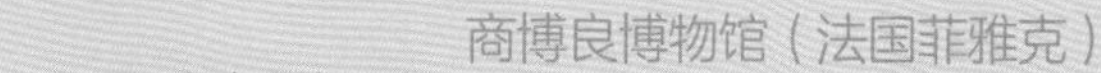

商博良博物馆（法国菲雅克）

用于保存历史手稿。

地址：Musée champollion – Les écritures du Monde place champollion 46100 figeac.

电话：05 65 50 31 08

开放时间：7月至8月每日10：30—18：30

9月至10月除周一外，每日10：30—12：30，14：00—18：00

11月至次年3月除周一外，每日14：00—17：30

4月至6月除周一外，每日10：30—12：30，14：00—18：00。

www.musee-champollion.fr

五十周年纪念博物馆（布鲁塞尔皇家艺术及历史博物馆）

这是比利时馆藏古埃及文物最丰富的博物馆，其中包括许多珍贵的木乃伊。

地址：Parc du cinquantenaire 10, 1000 bruxelles – belgique

电话：02 741 72 11

开放时间：周二至周五9:30—17:00。博物馆于每周一以及1月1日、5月1日、11月1日、11月11日和12月25日闭馆。每日16:00停止售票。12月24日和12月31日（除周一及常规闭馆日以外）博物馆于16:00闭馆，并于15:00停止售票。倘若需要导游服务请至少提前3周预约，预约电话：+32 (0)2/741 72 15或741 73 11。

www.kmkg-mrah.be/fr/bienvenue-au-musee-du-cinquantenaire

马里蒙皇家博物馆

馆内收藏有精美藏品，尤其以托勒密王后克利奥帕特拉的上半身巨像而闻名。

地址：chaussée de Mariemont, 100, 7140 Morlanwelz, belgique

电话：+32 (0)64 21 21 93

开放时间：除周一外每日开放，无节假日；4月至9月10:00—18:00开放，10月至次年3月10:00—17:00开放。1月1日及12月25日闭馆。

www.musee-mariemont.be

大英博物馆

地址：british Museum, Great Russell Street, Londres, Wc1b 3DG Royaume uni.

电话：+44 (0)20 7323 8299

开放时间：每日10:00—17:30开放，每周一10:00—20:00开放。门票免费。1月1日，12月24、25、26日闭馆。

www.britishmuseum.org

皮特里埃及考古博物馆（伦敦）

馆内藏有8万余件藏品。

地址：Malet Place, camden, London Wc1e 6bT, Royaume-uni

电话：+44 20 7679 2884

开放时间：周二至周六13 :00—17 :00。每周一和周日闭馆。

www.ucl.ac.uk/museums/petrie

阿什摩林博物馆（牛津）

值得一提的是，该馆展出着所有与发掘图坦卡蒙墓穴相关的资料。

地址：beaumont St, oxford ox1 2Ph, Royaume-uni

电话：+44 1865 278000

开放时间：周二至周日10:00—18:00。每周一闭馆。

www.ashmolean.org

莱顿博物馆（荷兰）

馆内展出着荷兰最精美的埃及藏品及罗马时期的神庙（塔夫神庙）。

地址：Rapenburg 28, 2311eW LeiDen, Pays-bas

电话：+31 71 516 31 63

开放时间：周二至周日10:00—17:00，每周一闭馆，节假日期间除外。博物馆亦于复活节、5月5日耶稣升天节、12月31日开放，于1月1日、4月27日、10月3日和12月25日闭馆。

www.rmo.nl

哥本哈根博物馆（新嘉士伯美术馆）

馆内展出着北欧最为精美的古代藏品。

地址：ny carlsberg Glyptotek, Dantes Plads, 7 DK-1556 copnhagen – Danemark

电话：(+45) 33 41 81 41

开放时间：周二至周日11:00—17:00，周一闭馆。1月1日，6月5日，12月24、25日闭馆。

www.glytoteket.com/explore/the-collections/the-collection-of-antiquities/egypt

都灵埃及博物馆

拥有世界上最精美的埃及藏品。

地址：Museo egizio di Torino, via accademia delle Scienze, 6, 10123 Torino, italie

电话：+39 011 561 7776

开放时间：周二至周日8:30—19:30。12月25日闭馆。

www.museoegizio.it

佛罗伦萨考古博物馆

地址：Museo archeologico, Piazza SS. annunziata 9/b – firenze, italie

电话：055 2480636

开放时间：周一14:00—19:00，周二和周四08:30—19:00，周三、周五和周六8:30—14:00，节日期间8:30—14:00。1月1日、5月1日、12月25日闭馆。

www.museumsinflorence.com/musei/Museum_of_archaeology.html#

柏林博物馆

馆内保存着著名的奈菲尔提提上半身雕像。

地址：bodestraße 1-3, 10178 berlin, allemagne

电话：+49 30 266424242

开放时间：周一至周日10:00—18:00，周四10:00—20:00。

www.smb.museum/aemp

慕尼黑埃及艺术国家博物馆

地址：Gabelsbergerstr. 35, 80333 München – allemagne

电话：+49 89 / 2 89 27-630

开放时间：周二至周日10:00—18:00。周一、1月1日，12月24、25、31日及当地节假日期间闭馆（详见当地规定）。

www.aegyptisches-museum-muenchen.de

大都会艺术博物馆（纽约）

纽约大都会艺术博物馆是世界最大的艺术博物馆之一。

地址：1000 5th ave, new york, ny 10028, états-unis

电话：+1 212-535-7710

开放时间：周日至周四10:00—17:30，周五和周六10:00—21:00。1月1日、感恩节的第一天及12月25日闭馆。

www.metmuseum.org

埃及的博物馆

开罗埃及博物馆

www.sca-egypt.org/eng/MUS_Egyptian_Museum.htm

努比亚博物馆（阿斯旺）

www.sca-egypt.org/eng/MUS_NubiaMuseum.htm

www.numibia.net/nubia/

卢克索博物馆

www.sca-egypt.org/eng/MUS_LuxorMuseum.htm

亚历山大里亚希腊罗马博物馆

www.sca-egypt.org/eng/MUS_Greco-Roman.htm

埃及博物馆官方清单：

www.sca-egypt.org/eng/MUS_List.htm

所提供的信息可能会随着时间的推移而改变，请参考官网信息。

图书在版编目（CIP）数据

埃及之漫游尼罗河 / （法）雅克·马丁著 ； 尹明明，宫泽西译. — 北京 ： 北京出版社，2023.8
（时光传奇）
ISBN 978-7-200-17291-1

Ⅰ. ①埃… Ⅱ. ①雅… ②尹… ③宫… Ⅲ. ①尼罗河—青少年读物 Ⅳ. ①P944.077-49

中国版本图书馆CIP数据核字(2022)第115733号

北京市版权局著作权合同登记号：01-2022-2257

责任编辑：王冠中　米　琳

责任印制：刘文豪

时光传奇

埃及之漫游尼罗河

AIJI ZHI MANYOU NILUO HE

［法］雅克·马丁　著

尹明明　宫泽西　译

出　　版　北京出版集团
　　　　　北京出版社
地　　址　北京北三环中路6号
邮　　编　100120
网　　址　www. bph. com. cn
总 发 行　北京出版集团
发　　行　京版若晴科创文化发展（北京）有限公司
经　　销　新华书店
印　　刷　北京雅昌艺术印刷有限公司
版　　次　2023年8月第1版
印　　次　2023年8月第1次印刷
成品尺寸　235毫米×305毫米
印　　张　9
字　　数　120千字
书　　号　ISBN 978-7-200-17291-1
审 图 号　国审字（2022）02904号
定　　价　78. 00元
印　　数　1—10 000
如有印装质量问题，由本社负责调换
质量监督电话　010-58572393
责任编辑电话　010-58572473